U0151646

面向工程硕士和非数学专业本科生的应用教材

Applied

应用随机过程

Stochastic

Processes

主 编 李潇潇 肖 琴
副主编 邱 翔 陈 炼

内容提要

本书是应用随机过程教材，其内容包括概率论的基础知识、随机过程的基本概念和基本类型、离散(连续)时间的马尔可夫链、泊松过程、鞅过程、布朗运动和平稳过程等.

本书尽量采用通俗易懂的方法介绍随机过程中的基本概念和基本理论，更加强调理论的直观解释和应用，选取了大量与社会、经济、金融、生物等领域相关的例题和习题，可供读者自学、参考.

本书可以作为工程硕士和非数学类专业本科生的应用教材或教学参考书，也可为从事与随机过程相关的教学和工程技术人员提供参考.

图书在版编目(CIP)数据

应用随机过程／李潇潇，肖琴主编. —上海：上海交通大学出版社，2020
ISBN 978-7-313-23251-9

Ⅰ.①应… Ⅱ.①李… ②肖… Ⅲ.①随机过程—应用 Ⅳ.①O211.6

中国版本图书馆 CIP 数据核字(2020)第 080840 号

应用随机过程
YINGYONG SUIJI GUOCHENG

主　　编：李潇潇　肖　琴
出版发行：上海交通大学出版社
地　　址：上海市番禺路 951 号
邮政编码：200030
电　　话：021-64071208
印　　制：苏州市古得堡数码印刷有限公司
经　　销：全国新华书店
开　　本：787 mm×1092 mm　1/16
印　　张：8.25
字　　数：172 千字
版　　次：2020 年 6 月第 1 版
印　　次：2020 年 6 月第 1 次印刷
书　　号：ISBN 978-7-313-23251-9
定　　价：45.00 元

版权所有　侵权必究
告读者：如发现本书有印装质量问题请与印刷厂质量科联系
联系电话：0512-65896959

前言 | Foreword

随机过程是概率论的延伸，其研究方法和内容不仅是概率统计、金融数学等数学专业研究的基础，也为生物信息、经济管理、工程技术等专业提供理论指导，研究学者越来越重视随机分析的方法在实际工作中的应用.因此大多数高等院校为工程硕士开设了该课程，但学生普遍反映这门课程难以理解，其中主要的原因是学时少、理论性强、数学基础要求高.它必须以一些先修的数学课程作为基础，包括数学分析、高等代数、概率论与数理统计、实变和复变函数等，然而对于非数学专业的研究生，数学基础相对较弱甚至有些数学课程在本科期间没有开设.随机课程的课时大部分缩减到 32 学时或者 48 学时，而理论证明和推导占主要部分，学生难以理解模型的直观解释和应用背景，无法把随机过程与专业领域相结合.

目前随机过程的教材主要是面向具有一定数学基础的本科生和研究生，理论性比较强，并过于重视理论的证明，让学生产生畏难情绪，对这门课程失去兴趣.因此编写一部适合工程硕士或非数学专业的应用教材是必要的.依据工程硕士教育的培养目标，首先，编写的教材应尽可能弱化理论，省略一些难以理解的证明和推导过程，强调理论的直观解释，对于重要的定理和结论尽量用通俗易懂的数学语言体现，而不是用一堆晦涩难懂的公式证明；其次，重视模型的应用，选择一些与社会、经济、金融、管理、生物等领域相关的例题和习题，主要帮助学生针对实际应用问题建立一个与之相关的随机过程模型；最后，借助随机过程理论解决问题.在每章的后面尽可能添加一些与各领域有关的应用案例，如在马尔可夫链这一章的最后可以利用马尔可夫链的特性对当前的股票市场做预测和分析，从而提高学生利用随机过程理论解决实际问题的能力.

本书共有 8 章，其中第 1 章和第 2 章介绍了随机过程的预备和基础知识，第 3、4 章分别介绍了离散和连续参数的马尔可夫链，第 5、6、7、8 章分别介绍了泊松过程、鞅过程、布朗运动和平稳过程.

编写本书的目的是为随机过程的学习者提供更好的理解和应用，但由于编者水平和经验有限，在编写的过程中若存在一些缺点和错误，希望读者给出批评和建议.

目录 | Contents

第 1 章

概率论的基础知识

在实际问题中，我们需要研究随时间而变化的随机现象，所涉及的随机变量通常是无限多个，然后研究这些随机变量的规律性，这也是随机过程所要研究的主要内容.概率论的基本概念和基本理论是研究随机过程的基础，因此，我们首先对本书中所用到的概率论的基础知识做简要的回顾.

1.1 概率空间

我们将随机试验的所有可能结果组成的集合称为样本空间，记为Ω.样本空间Ω中每一个元素ω称为样本点，即试验的每一种可能结果.样本空间Ω的子集称为随机事件，简称事件.样本空间Ω称为必然事件，空集$\varnothing$称为不可能事件.

由于事件本身是集合，所以事件间的关系和运算即为集合的关系和运算，集合所具有的性质对事件都适用.在实际问题中，并非对所有的事件都感兴趣，只是关心某些事件及它在一次试验中发生的可能性大小(概率).为此，引入σ代数F和概率空间(Ω, F, P)的概念.

定义 1.1 设F是由Ω的一些子集组成的集合族，满足：

(1) $\Omega \in F$；

(2) 若$A \in F$，则$\bar{A}=(\Omega-A) \in F$；

(3) 若$A_n \in F$, $n=1, 2, \cdots$，则$\bigcup\limits_{n=1}^{\infty} A_n \in F$.

则称F为σ代数或事件域.(Ω, F)称为可测空间，F中的元素称为事件.

由定义容易推出σ代数具有如下性质：

性质 1 $\varnothing \in F$.

性质 2 若$A, B \in F$，则$(A-B) \in F$.

性质 3 若$A_i \in F$, $i=1, 2, \cdots$，则$\bigcup\limits_{i=1}^{n} A_i$, $\bigcap\limits_{i=1}^{n} A_i$, $\bigcap\limits_{i=1}^{\infty} A_i \in F$.

定义 1.2 设(Ω, F)为可测空间，$P(\cdot)$是定义在F上的实值单值函数，满足：

(1)(非负性)对任意 $A \in F$, $0 \leqslant P(A) \leqslant 1$;

(2)(规范性)$P(\Omega)=1$;

(3)(可列可加性)若 $A_1, A_2, \cdots$ 两两互不相容(当 $i \neq j$ 时,$A_i \cap A_j = \varnothing$)且 $A_i \in F$, $i=1, 2, \cdots$, 则有

$$P(\bigcup_{i=1}^{\infty} A_i) = \sum_{i=1}^{\infty} P(A_i).$$

则称 $P(\cdot)$ 为 (Ω, F) 上的概率,(Ω, F, P) 为概率空间,$P(A)$ 为事件 A 的概率.

由定义 1.2 可推知概率具有如下性质:

性质 1 $P(\varnothing)=0$.

性质 2 (次可加性)若 $A_i \in F$, $i=1, 2, \cdots$, 则 $P(\bigcup_{i=1}^{\infty} A_i) \leqslant \sum_{i=1}^{\infty} P(A_i)$.

性质 3 (有限可加性)若 $A_1, A_2, \cdots, A_n \in F$ 且两两互不相容,则

$$P(\bigcup_{i=1}^{\infty} A_i) = \sum_{i=1}^{\infty} P(A_i).$$

性质 4 若 $A \in F$, 则 $P(\bar{A}) = 1 - P(A)$.

性质 5 (减法公式)若 $A, B \in F$, 则 $P(B-A) = P(B) - P(A \cap B)$,特别地,若 $A \subset B$, 则

(1) $P(B-A) = P(B) - P(A)$;

(2) $P(B) \geqslant P(A)$.

性质 6 (加法公式)若 $A, B \in F$, 则 $P(A \cup B) = P(A) + P(B) - P(A \cap B)$.

推广:若 $A_1, A_2, \cdots, A_n \in F$, 则

$$P(\bigcup_{i=1}^{n} A_i) = \sum_{i=1}^{n} P(A_i) - \sum_{1 \leqslant i < j \leqslant n} P(A_i \cap A_j) + \sum_{1 \leqslant i < j < k \leqslant n} P(A_i \cap A_j \cap A_k) - \cdots + (-1)^{n-1} P(\bigcap_{i=1}^{n} A_i).$$

特别,当 $n=3$ 时,有

$$P(A \cup B \cup C) = P(A) + P(B) + P(C) - P(A \cap B) - P(A \cap C) - P(B \cap C) + P(A \cap B \cap C).$$

性质 7 (连续性)若 $A_1, A_2, \cdots \in F$,且 $A_n \subset A_{n+1} (n \geqslant 1)$, 则

$$\lim_{n \to \infty} P(A_n) = P(\bigcup_{n=1}^{\infty} A_n) = P(\lim_{n \to \infty} A_n).$$

若 $A_n \supset A_{n+1}$, 则

$$\lim_{n \to \infty} P(A_n) = P(\bigcap_{n=1}^{\infty} A_n) = P(\lim_{n \to \infty} A_n).$$

定义 1.3　设 (Ω, F, P) 是概率空间，$A, B \in F$ 且 $P(B) > 0$，则称

$$P(A \mid B) = \frac{P(A \cap B)}{P(B)}$$

为在事件 B 发生的条件下，事件 A 发生的条件概率.

容易验证：条件概率 $P(\cdot \mid B)$ 满足概率定义 1.2 中的三点，即

(1)（非负性）对任意 $A \in F$，$0 \leqslant P(A \mid B) \leqslant 1$；

(2)（规范性）$P(\Omega \mid B) = 1$；

(3)（可列可加性）若 $A_1, A_2, \cdots$，两两互不相容（当 $i \neq j$ 时 $A_i \cap A_j = \varnothing$）且 $A_i \in F$，$i = 1, 2, \cdots$，则有

$$P\left(\bigcup_{i=1}^{\infty} A_i \mid B\right) = \sum_{i=1}^{\infty} P(A_i \mid B).$$

由于条件概率满足概率定义中的三点，所以条件概率也是概率. 由概率定义推导出的概率性质对条件概率同样适用. 比如：$P(\varnothing \mid B) = 0$，$P(\bar{A} \mid B) = 1 - P(A \mid B)$.

定理 1.1　设 (Ω, F, P) 是概率空间，则有如下公式成立：

(1)（乘法公式）设 $A_1, A_2, \cdots, A_n \in F$，且 $P\left(\bigcap_{i=1}^{n-1} A_i\right) > 0$，则

$$P\left(\bigcap_{i=1}^{n} A_i\right) = P(A_1)P(A_2 \mid A_1)P(A_3 \mid A_1A_2)\cdots P\left(A_n \mid \bigcap_{i=1}^{n-1} A_i\right).$$

(2)（全概率公式）设 $A_1, A_2, \cdots, A_n, B \in F$，$P(A_1) > 0 (i = 1, 2, \cdots, n)$，且 $A_1, A_2, \cdots, A_n$ 两两互不相容，$\bigcup_{i=1}^{n} A_i = S$，则

$$P(B) = \sum_{i=1}^{n} P(A_i)P(B \mid A_i).$$

(3)（贝叶斯公式）设 $A_1, A_2, \cdots, A_n, B \in F$，$P(A_i) > 0$，$P(B) > 0 (i = 1, 2, \cdots, n)$，且 $A_1, A_2, \cdots, A_n$ 两两互不相容，$\bigcup_{i=1}^{n} A_i = S$，则

$$P(A_i \mid B) = \frac{P(A_i \cap B)}{P(B)} = \frac{P(A_i)P(B \mid A_i)}{\sum_{j=1}^{n} P(A_j)P(B \mid A_j)}.$$

定义 1.4　设 (Ω, F, P) 是概率空间，$A, B \in F$ 且满足：

$$P(A \cap B) = P(A)P(B).$$

则称事件 A, B 相互独立.

由条件概率的定义公式，容易证明当 $P(A) > 0$，$P(B) > 0$ 时，

$$P(A \cap B) = P(A)P(B) \Leftrightarrow P(A \mid B) = P(A) \Leftrightarrow P(B \mid A) = P(B).$$

即两事件的相互独立等价于条件概率为无条件概率.

1.2 随机变量及分布函数

在做试验时,我们不但对试验的结果感兴趣,而且还对与结果有关的某些函数感兴趣.例如:在掷骰子中,我们关心的是两颗骰子的点数之和为 7,而并不关心实际结果是否为(1, 6)、(2, 5)或(3, 4),关注的这些量从形式上可以看作定义在样本空间上的实值函数称为随机变量,下面给出随机变量的数学定义.

定义 1.5 设 (Ω, F, P) 是概率空间,$X(\cdot)$ 是定义在样本空间 Ω 上的实函数,若对任意 $x \in \mathbf{R}$,有 $\{\omega: X(\omega) \leqslant x\} \in F$,则称实函数 X 为随机变量.

称函数 $F(x) = P\{\omega: X(\omega) \leqslant x\} \stackrel{\Delta}{=} P\{X \leqslant x\}$ 为随机变量 X 的分布函数.

分布函数具有如下性质:

性质 1 $F(x)$ 是单调不降的函数,即对任意 $x_1, x_2 \in \mathbf{R}$,当 $x_1 < x_2$,有

$$F(x_1) \leqslant F(x_2).$$

性质 2 $\lim\limits_{x \to +\infty} F(x) = F(+\infty) = 1, \ \lim\limits_{x \to -\infty} F(x) = F(-\infty) = 0.$

性质 3 $F(x)$ 是右连续函数,即对任意 $x \in \mathbf{R}$,有

$$F(x+0) = \lim_{\Delta x \to 0^+} F(x + \Delta x) = F(x).$$

定义 1.6 设随机变量 X 的可能取值为有限个或者可列无穷多个,则称 X 为离散型随机变量.

设 $x_i (i=1, 2, \cdots)$ 为 X 的所有可能取值,称 $p_i = P\{X = x_i\}(i=1, 2, \cdots)$ 为随机变量 X 的分布律或概率函数,其分布可用分布律来描述.此时,随机变量 X 的分布函数为

$$F(x) = \sum_{x_i \leqslant x} P\{X = x_i\} = \sum_{x_i \leqslant x} p_i, \ x \in \mathbf{R}.$$

两个重要的离散型分布:

(1) 二项分布.

假设做了 n 次独立试验,每次试验只有两种结果 A 发生或 A 不发生且 $P(A) = p$. 令 X: n 次独立试验中 A 发生的次数,则 X 的分布律为

$$P\{X = k\} = \begin{pmatrix} n \\ k \end{pmatrix} p^k (1-p)^{n-k}, \ k = 0, 1, 2, \cdots, n.$$

称随机变量 X 服从参数为 n, p 的二项分布,记: $X \sim b(n, p)$.

(2) 泊松分布.

设随机变量 X 的取值 0, 1, 2, $\cdots$,其分布律为

$$P\{X=k\}=\frac{\lambda^k}{k!}\mathrm{e}^{-\lambda},\ k=0,\ 1,\ 2,\ \cdots$$

其中 $\lambda>0$ 是常数.

称随机变量 X 服从参数为 λ 的泊松分布，记：$X\sim P(\lambda)$.

泊松分布可用来近似计算二项分布，假设 $X\sim b(n,\ p)$，其中 n 很大(试验次数很多)，p 很小(每次试验 A 发生的概率很小)，令 $\lambda=np$，则

$$P\{X=k\}=\binom{n}{k}p^k(1-p)^{n-k}\approx\frac{\lambda^k}{k!}\mathrm{e}^{-\lambda}.$$

因此在大量试验中稀有事件出现的次数都可用泊松分布来描述.

定义 1.7　设随机变量 X 的分布函数为 $F(x)$，若存在非负可积函数 $f(x)$，使得

$$F(x)=\int_{-\infty}^{x}f(t)\mathrm{d}t,\ x\in\mathbf{R},$$

则称 X 为连续型随机变量，$f(x)$ 为连续型随机变量 X 的概率密度函数.

三个重要的连续型分布：

(1) 均匀分布.

若连续型随机变量 X 的概率密度函数为

$$f(x)=\begin{cases}\dfrac{1}{b-a}, & x\in[a,\ b],\\ 0, & \text{其他},\end{cases}$$

则称 X 在区间 $[a,\ b]$ 上服从均匀分布，记 $X\sim U[a,\ b]$.

(2) 指数分布.

若连续型随机变量 X 的概率密度函数为

$$f(x)=\begin{cases}\lambda\mathrm{e}^{-\lambda x}, & x>0,\\ 0, & \text{其他}.\end{cases}$$

其中 λ 是大于 0 的常数，则称 X 服从参数为 λ 的指数分布，记：$X\sim\mathrm{e}(\lambda)$.

指数分布具有无记忆性，即对任意的 $s,\ t>0$，有

$$P\{X>s+t\mid X>t\}=P\{X>s\}.$$

若 X 表示某个元件的寿命，上式表明：已知元件已使用了 t 个小时，它还能至少再使用 s 个小时的条件概率与从开始使用时算起，它至少能使用 s 个小时的概率相等，即元件对它已经使用过的 t 个小时是没有记忆的.

(3) 正态分布.

若连续型随机变量 X 的概率密度函数为

$$f(x)=\frac{1}{\sqrt{2\pi\sigma}}\mathrm{e}^{-\frac{(x-\mu)^2}{2\sigma^2}},\ x\in\mathbf{R}.$$

其中 μ, $\sigma(\sigma>0)$ 是常数.则称 X 服从参数为 μ, σ 的正态分布或高斯分布,记: $X\sim N(\mu,\sigma^2)$.

一般来说,一个随机变量如果受到许多随机因素的共同影响,而其中每一个因素所起的作用都很微小,则它服从正态分布.例如: 产品的质量指标、人的身高、海浪的高度、测量的误差等,都近似服从正态分布.

1.3 随机变量的数字特征

随机变量的分布函数能完整地描述随机变量的统计规律性,但在实际问题中,有时不容易确定随机变量的分布函数,或者并不需要知道它的分布函数,只需知道它的某些数字特征即可.常用的数字特征有数学期望、方差、相关系数、矩.

定义 1.8 设随机变量 X 的分布函数为 $F(x)$,若 $\int_{-\infty}^{+\infty}|x|\mathrm{d}F(x)<\infty$,则称

$$EX=\int_{-\infty}^{+\infty}x\mathrm{d}F(x).\tag{1.1}$$

式(1.1)为随机变量 X 的数学期望或均值,反映了随机变量取值的平均水平.式(1.1)中的积分是 x 对 $F(x)$ 的黎曼-斯蒂尔杰斯积分(Riemann - Stieltjes integral).

当 X 为离散型随机变量,其概率分布律为 $p_i=P\{X=x_i\}(i=1,2,\cdots)$ 时,式(1)可写成

$$EX=\sum_{i=1}^{\infty}x_iP\{X=x_i\}=\sum_{i=1}^{\infty}x_ip_i.$$

当 X 为连续型随机变量,其概率密度函数为 $f(x)$ 时,式(1)可写成

$$EX=\int_{-\infty}^{+\infty}xf(x)\mathrm{d}x.$$

设 X 是随机变量,$g(x)$ 为实函数,则 $Y=g(X)$ 也是随机变量.理论上,虽然可通过 X 的分布求 $g(X)$ 的分布,再按定义求出 $g(X)$ 的数学期望 $E[g(X)]$,但这种方法一般比较复杂.下面的定理给出了求 $E[g(X)]$ 的一种简单方法,不必知道 $g(X)$ 的分布,只需知道 X 的分布即可.

定理 1.2 设随机变量 X 的分布函数为 $F(x)$,若 $y=g(x)$ 是连续函数且 $\int_{-\infty}^{+\infty}|g(x)|\mathrm{d}F(x)<\infty$,则 $Y=g(X)$ 的数学期望存在,且有

$$EY=E[g(X)]=\int_{-\infty}^{+\infty}g(x)\mathrm{d}F(x).$$

当 X 为离散型随机变量，其概率分布律为 $p_i=P\{X=x_i\}(i=1, 2, \cdots)$ 时，

$$EY=E[g(X)]=\sum_{i=1}^{\infty}g(x_i)p_i.$$

当 X 为连续型随机变量，其概率密度函数为 $f(x)$时，

$$EY=E[g(X)]=\int_{-\infty}^{+\infty}g(x)f(x)\mathrm{d}x.$$

定义 1.9　设随机变量 X 的分布函数为$F(x)$，若 $E[(X-EX)^2]$ 存在，则称它为 X 的方差，记为

$$DX=E[(X-EX)^2]=\int_{-\infty}^{+\infty}(x-EX)^2\mathrm{d}F(x).$$

方差刻画了随机变量 X 的取值离散程度或与数学期望的偏离程度.关于方差的计算，经常用到下面的公式：

$$DX=E[(X-EX)^2]=E(X^2)-(EX)^2.$$

1.4　多维随机变量及其联合分布

在研究随机现象时，经常用到同时考虑两个或两个以上的随机变量，即需要研究这些随机变量的联合分布.在此主要研究二维随机变量，为以后定义随机过程作为铺垫.

定义 1.10　设(X, Y)是二维随机变量，对任意的实数 x，y，称二元函数 $F(x, y)=P\{X\leqslant x, Y\leqslant y\}=P\{\omega: X(\omega)\leqslant x, Y(\omega)\leqslant y\}$ 为 X，Y 的联合分布函数.

同样，设$(X_1, X_2, \cdots, X_n)$为 n 维随机变量，对任意的实数 $x_1, x_2, \cdots, x_n$，称 n 元函数

$$\begin{aligned}F(x_1, x_2, \cdots, x_n)&=P\{X_1\leqslant x_1, X_2\leqslant x_2, \cdots, X_n\leqslant x_n\}\\&=P\{\omega: X_1(\omega)\leqslant x_1, X_2(\omega)\leqslant x_2, \cdots, X_n(\omega)\leqslant x_n\}\end{aligned}$$

为 $X_1, X_2, \cdots, X_n$ 的联合分布函数.

二维随机变量分布函数 $F(x, y)$的性质类似于一维随机变量的分布函数.

性质 1　$F(x, y)$对 x，y 都是单调不降的函数，即对任意 $y\in\mathbf{R}$，当 $x_1<x_2$，有 $F(x_1, y)\leqslant F(x_2, y)$，对任意 $x\in\mathbf{R}$，当 $y_1<y_2$，有 $F(x, y_1)\leqslant F(x, y_2)$.

性质 2　$\lim\limits_{\substack{x\to+\infty\\y\to+\infty}}F(x, y)=F(+\infty, +\infty)=1$，$\lim\limits_{x\to-\infty}F(x, y)=F(-\infty, y)=0$.

$$\lim_{y\to-\infty}F(x, y)=F(x, -\infty)=0,\ \lim_{\substack{x\to-\infty\\y\to-\infty}}F(x, y)=F(-\infty, -\infty)=0.$$

性质 3　$F(x, y)$关于 x，y 都是右连续函数，即对任意 x，$y\in\mathbf{R}$，有

$$F(x+0, y)=\lim_{\Delta x \to 0^+} F(x+\Delta x, y)=F(x, y);$$
$$F(x, y+0)=\lim_{\Delta y \to 0^+} F(x, y+\Delta y)=F(x, y).$$

性质 4 对任意 $x_1, y_1, x_2, y_2 \in \mathbf{R}$ 且 $x_1 \leqslant x_2, y_1 \leqslant y_2$，有

$$F(x_2, y_2)-F(x_1, y_2)-F(x_2, y_1)+F(x_1, y_1) \geqslant 0.$$

性质 5 $\lim\limits_{x \to +\infty} F(x, y)=F(+\infty, y)=F_Y(y)$,

$\lim\limits_{y \to +\infty} F(x, y)=F(x, +\infty)=F_X(x)$.

称 $F_X(x)$, $F_Y(y)$ 分别为随机变量 X 和 Y 边缘分布函数.

定义 1.11 二维随机变量 (X, Y) 的协方差定义为

$$\operatorname{cov}(X, Y)=E[(X-EX)(Y-EY)]=E(XY)-EX \cdot EY.$$

相关系数定义为

$$\rho_{XY}=\frac{\operatorname{cov}(X, Y)}{\sqrt{DX} \cdot \sqrt{DY}}.$$

设 $(X_1, X_2, \cdots, X_n)$ 为 n 维随机变量，其数学期望定义为

$$\mu_X=(EX_1, EX_2, \cdots, EX_n).$$

协方差矩阵定义为

$$\boldsymbol{\Sigma}=(C_{ij})_n \text{，其中 } C_{ij}=\operatorname{cov}(X_i, X_j).$$

当 $i=j$ 时，$C_{ij}=C_{ii}=DX_i$.

n 维随机变量 $(X_1, X_2, \cdots, X_n)$ 的数学期望和方差具有如下重要性质：

$$E\left(\sum_{i=1}^{n} \alpha_i X_i\right)=\sum_{i=1}^{n} \alpha_i EX_i;$$
$$D\left(\sum_{i=1}^{n} \alpha_i X_i\right)=\sum_{i=1}^{n} \alpha_i^2 DX_i+\sum_{1 \leqslant i<j \leqslant n} 2\alpha_i \alpha_j \operatorname{cov}(X_i, X_j).$$

特别有

$$E\left(\sum_{i=1}^{n} X_i\right)=\sum_{i=1}^{n} EX_i.$$

例 1.1 在一次聚会上，n 人将帽子扔到房子中间，混杂在一起之后，每人再随机取一个.求恰好能取到自己帽子的人的期望数.

解 设 X 为取到自己帽子的总人数，令

$$X_i=\begin{cases} 1, & \text{第 } i \text{ 人取到自己的帽子} \quad (i=1, 2, \cdots, n), \\ 0, & \text{否则,} \end{cases}$$

则 $X=\sum_{i=1}^{n}X_i$ 且 $P\{X_i=1\}=\frac{1}{n}$，而 $EX_i=1\times P\{X_i=1\}+0\times P\{X_i=0\}=\frac{1}{n}$，所以 $EX=E(\sum_{i=1}^{n}X_i)=\sum_{i=1}^{n}EX_i=n\times\frac{1}{n}=1$.

因此，无论聚会上有多少人，平均有一人取到自己的帽子.

定义 1.12　设随机变量 X 和 Y 的联合分布函数为 $F(x, y)$，边缘分布函数为 $F_X(x)$ 和 $F_Y(y)$，若对任意的实数 x, y，都有

$$P\{X\leqslant x, Y\leqslant y\}=P\{X\leqslant x\}\cdot P\{Y\leqslant y\},$$

即

$$F(x, y)=F_X(x)\cdot F_Y(y),$$

则称随机变量 X 和 Y 相互独立.

关于随机变量的独立性有下面的定理：

定理 1.3　随机变量 X 与 Y 相互独立的充要条件是 X 所生成的任何事件与 Y 所生成的任何事件独立，即对任意实数集 A、B，有

$$P\{X\in A, Y\in B\}=P\{X\in A\}\cdot P\{Y\in B\}.$$

例如：当 X 与 Y 相互独立时，

$$P\{a\leqslant X\leqslant b, Y\leqslant c\}=P\{a\leqslant X\leqslant b\}\cdot P\{Y\leqslant c\}.$$

定理 1.4　如果随机变量 X 与 Y 相互独立，则对任意函数 $g_1(x)$ 与 $g_2(y)$，有 $g_1(X)$ 与 $g_2(Y)$ 相互独立.

因此可得，当随机变量 X 与 Y 相互独立时，

$$E[g_1(X)\cdot g_2(Y)]=E[g_1(X)]\cdot E[g_2(Y)].$$

1.5　条件数学期望

条件数学期望是学习随机过程理论（鞅和随机积分等）必不可少的知识.首先借助于随机事件的条件概率引入随机变量的条件概率分布.

定义 1.13　设 (X, Y) 是离散型随机变量，对一切 $P\{Y=y\}>0$ 的 y 值，在给定 $Y=y$ 的条件下，X 的条件分布律定义为

$$p_{X|Y}(x\mid y)=P\{X=x\mid Y=y\}=\frac{P\{X=x, Y=y\}}{P\{Y=y\}}=\frac{p(x, y)}{p_Y(y)}.$$

类似地，在 $Y=y$ 的条件下，X 的条件分布函数定义为

$$F_{X|Y}(x \mid y)=P\{X \leqslant x \mid Y=y\}=\sum_{t \leqslant x} P\{X=t \mid Y=y\}=\sum_{t \leqslant x} p_{X|Y}(t \mid y).$$

设(X, Y)是连续型随机变量,对一切使 $f_Y(y)>0$ 的 y 值,在给定 $Y=y$ 的条件下,X 的条件密度函数定义为

$$f_{X|Y}(x \mid y)=\frac{f(x, y)}{f_Y(y)}.$$

同样,在 $Y=y$ 的条件下,X 的条件分布函数定义为

$$F_{X|Y}(x \mid y)=P\{X \leqslant x \mid Y=y\}=\int_{-\infty}^{x} f_{X|Y}(x \mid y)\mathrm{d}x.$$

利用条件分布给出条件数学期望的定义.

定义 1.14 在 $Y=y$ 的条件下,X 的条件数学期望定义为

$$E(X \mid Y=y)=\int_{-\infty}^{+\infty} x\,\mathrm{d}F_{X|Y}(x \mid y).$$

当(X, Y)是离散型随机变量时,有

$$\begin{aligned} E(X \mid Y=y) &= \int_{-\infty}^{+\infty} x\,\mathrm{d}F_{X|Y}(x \mid y)=\sum_{x} x \cdot P\{X=x \mid Y=y\} \\ &= \sum_{x} x \cdot p_{X|Y}(x \mid y). \end{aligned}$$

当(X, Y)是连续型随机变量时,有

$$E(X \mid Y=y)=\int_{-\infty}^{+\infty} x\,\mathrm{d}F_{X|Y}(x \mid y)=\int_{-\infty}^{+\infty} x \cdot f_{X|Y}(x \mid y)\mathrm{d}x.$$

我们用 $E(X \mid Y)$ 表示随机变量 Y 的函数,在 $Y=y$ 处的取值为 $E(X \mid Y=y)$,下面给出 $E(X \mid Y)$ 的基本性质.

性质 1 $E\left(\sum_{i=1}^{n} c_i X_i \mid Y\right)=\sum_{i=1}^{n} c_i E(X_i \mid Y)$.

性质 2 $EX=E[E(X \mid Y)]$.

性质 3 当 X 与 Y 相互独立时,$E(X \mid Y)=EX$.

下面仅对(X, Y)是离散型随机变量时给出性质 2 和性质 3 的证明.

$$\begin{aligned} E[E(X \mid Y)] &= \sum_{j} E(X \mid Y=y_j) P\{Y=y_j\}=\sum_{j}\sum_{i} x_i P\{X=x_i \mid Y=y_j\} P\{Y=y_j\} \\ &= \sum_{j}\sum_{i} x_i \frac{P\{X=x_i, Y=y_j\}}{P\{Y=y_j\}} P\{Y=y_j\}=\sum_{j}\sum_{i} x_i P\{X=x_i, Y=y_j\} \\ &= \sum_{i} x_i \sum_{j} P\{X=x_i, Y=y_j\}=\sum_{i} x_i P\{X=x_i\}=EX. \end{aligned}$$

当 X 与 Y 相互独立时,有

$$E(X \mid Y=y_j)=\sum_i x_i P\{X=x_i \mid Y=y_j\}=\sum_i x_i P\{X=x_i\}=EX.$$

例 1.2　设有 n 个部件，对于部件 $i(i=1, 2, \cdots, n)$ 在雨天运转的概率为 p_i，在非雨天运转的概率为 q_i，明天将下雨的概率为 α，若明天下雨，求运转的部件数的条件数学期望.

解　令：$X_i=\begin{cases}1, & \text{第 } i \text{ 个部件明天运转,} \\ 0, & \text{否则,}\end{cases}$ $\quad Y=\begin{cases}1, & \text{若明天下雨,} \\ 0, & \text{否则,}\end{cases}$

所求的条件数学期望为

$$E\left(\sum_{i=1}^{n} X_i \mid Y=1\right)=\sum_{i=1}^{n} E[X_i \mid Y=1]=\sum_{i=1}^{n} p_i.$$

例 1.3　假设在某一天走进一个商店的人数是数学期望等于 100 的随机变量，又设顾客所花的钱都为数学期望 10 元的相互独立随机变量.若顾客所花的钱数与进商店的人数是相互独立的，则一天内顾客在该店所花钱的期望值为多少？

解　设 N 表示一天内进该商店的人数，X_i 表示第 i 个顾客所花的钱数，则 N 个顾客在该商店所花钱总数为 $\sum_{i=1}^{N} X_i$，则一天内顾客在该店所花钱的期望值为

$$E\left(\sum_{i=1}^{N} X_i\right)=E\left[E\left(\sum_{i=1}^{N} X_i \mid N\right)\right].$$

而 $E\left(\sum_{i=1}^{N} X_i \mid N=n\right)=E\left(\sum_{i=1}^{n} X_i \mid N=n\right)=E\left(\sum_{i=1}^{n} X_i\right)=nEX_i$（由 N 和 EX_i 的相互独立），

所以

$$E\left(\sum_{i=1}^{N} X_i \mid N\right)=N \cdot EX_i.$$

由假设 $EX_i=10$，$EN=100$，因此

$$E\left(\sum_{i=1}^{N} X_i\right)=E\left[E\left(\sum_{i=1}^{N} X_i \mid N\right)\right]=E[N \cdot EX_i]=EX_i \cdot EN=10 \times 100=1\,000.$$

第2章

随 机 过 程

在现实世界中有许多随机现象表现为具有随机性的变化过程，不能用一个随机变量来描述，而需要一组无穷多个随机变量来描述，这就是随机过程.例如：气体分子运动时，由于相互碰撞等原因而改变自己的位置和速度，其运动的过程是随机的.我们希望知道运动的轨道有什么性质？分子从一点出发能到达某区域的概率有多大？又比如：在一定时间内，放射性物质中有多少个原子会分裂或转化？电话交换台将收到多少次呼叫？机器会出现多少次故障？等等，这些实际问题为随机过程的理论发展提供了研究背景.

随机过程一般理论的研究通常认为开始于 20 世纪 30 年代.1931 年柯尔莫哥洛夫(Kolmogorov)发表了《概率论的解析方法》，1934 年辛钦(Khintchine)发表了《平稳过程的相关理论》，这为马尔可夫(Markov)过程和平稳过程奠定了理论基础.1953 年杜布(Doob)在《随机过程论》中系统而严格地叙述了随机过程的基本理论，从此开始了随机过程理论和应用研究的蓬勃发展.

随机过程的强大生命力来源于理论本身的内部，来源于其他的数学分支，例如：微分方程、复变函数等与随机过程的相互渗透、彼此促进，更重要的是来源于生产活动、科学研究和工程技术中的大量实际问题所提出的客观要求.目前，随机过程理论已广泛应用于自然科学、社会科学及工程技术等诸多领域，特别对统计物理、放射性问题、原子问题、传染病问题、排队论、信息论、经济数学以及自动控制、无线电技术等的作用更为显著.

2.1 随机过程的基本概念

在实际中，有些随机现象要涉及随时间 t 而改变的随机变量.例如：汇率、某种商品的销售量、某个国家在一年内的国民收入等等，这些都是随时间 t 而随机变化的，把这种随时间 t 变化的一簇随机变量称为随机过程，它描述了某个过程经历的时间发展.我们的任务就是研究如何描述一个随机过程，即研究随机过程的性质和规律.

定义 2.1 设 (Ω, F, P) 为概率空间，T 是一个参数集或指标集，对于每一个 $t \in T$，

$X(t, \omega)$ 是概率空间 (Ω, F, P) 上的随机变量,则称依赖于 t 的随机变量族 $\{X(t, \omega), t \in T\}$ 为概率空间 (Ω, F, P) 上的随机过程.简记:$\{X(t), t \in T\}$,参数集 T 在实际问题中,通常指的是时间参数.

随机过程 $\{X(t, \omega), t \in T\}$ 可以看作定义在 $T \times \Omega$ 上的二元函数.当 $\omega \in \Omega$ 取某个固定值 ω_0 时,$X(t, \omega_0)$是关于时间 t 的函数,称为随机过程$\{X(t, \omega)\}$的样本函数或轨道.当 $t = t_0$ 时,$X(t_0, \omega)$是定义在概率空间 (Ω, F, P) 上的一个随机变量,称为随机过程 $\{X(t, \omega)\}$ 在 $t = t_0$ 时的一个状态,它反映了随机过程的随机性.所有可能状态构成的集合称为状态空间或相空间[即当 t 固定时,随机变量 $X(t, \omega)$所有可能取值组成的集合],记为 S.

根据参数集 T 和状态空间 S 的取值是离散还是连续,可将随机过程分为四大类.

1. 离散参数、离散状态的随机过程(离散参数链)

例 2.1　一个质点在 x 轴上做随机游动,在 $t=0$ 时质点处于 x 轴的原点 0,在 $t=1, 2, \cdots$ 时质点可以在 x 轴上向左或向右移动一个单位,向左移动一个单位的概率为 p,向右移动一个单位的概率为 $q(p+q=1)$.在 $t=n$ 时,质点所处的位置为 $X(n)$,则 $\{X(n), n=1, 2, \cdots\}$ 为一随机过程.其参数集 $T=\{0, 1, 2, \cdots\}$,状态空间 $S=\{\cdots, -2, -1, 0, 1, 2, \cdots\}$.

2. 离散参数、连续状态的随机过程(随机序列)

例 2.2　在天气预报中,若以 $X(t)$表示某地区第 t 次统计所得的该天的最高气温,显然 $X(t)$是随机变量,则 $\{X(t), t=0, 1, 2, \cdots\}$ 为一随机过程,其参数集 $T=\{0, 1, 2, \cdots\}$,状态空间 $S=(-\infty, +\infty)$.

3. 连续参数、离散状态的随机过程(连续参数链)

例 2.3　设 $X(t)$表示落在$(0, t]$内到达服务点的顾客数,对于 $t \in (0, \infty)$ 的不同值,$X(t)$是不同的随机变量,所以 $\{X(t), t>0\}$ 构成一随机过程.其参数集 $T=(0, \infty)$,状态空间 $S=\{0, 1, 2, \cdots\}$.

4. 连续参数、连续状态的随机过程(随机过程)

例 2.4　在海浪分析中,需要观测某固定点处海平面的垂直振动.设 $X(t)$表示在时刻 $t \in [0, +\infty)$ 该处的海平面相对于平均海平面的高度,则 $\{X(t), t \geqslant 0\}$ 是随机过程,其参数集 $T=[0, +\infty)$,状态空间 $S=(-\infty, +\infty)$.

随机过程的分类,除了按参数集 T 和状态空间 S 是否连续外,还可以根据过程的概率结构进行分类,例如:独立增量过程、马尔科夫过程、平稳过程和鞅过程等.

2.2 随机过程的有限维分布和数字特征

定义 2.2 设 $\{X(t), t \in T\}$ 是一随机过程，对于固定的 $t \in T$，$X(t)$ 为随机变量，有

$$F_t(x) = P\{X(t) \leqslant x\},\ x \in \mathbf{R},\ t \in T.$$

称上式为随机过程 $\{X_t,\ t \in T\}$ 的一维分布函数.一维分布函数仅描述随机过程在任一时刻取值的统计特性，而不能反映随机过程各个时刻的状态之间的联系.

对于任意固定的两个时刻 $t_1,\ t_2 \in T$，$X(t_1)$，$X(t_2)$ 是两个随机变量，其联合分布函数：

$$F_{t_1,\,t_2}(x_1,\ x_2) = P\{X(t_1) \leqslant x_1,\ X(t_2) \leqslant x_2\},\ x_1,\ x_2 \in \mathbf{R},\ t_1,\ t_2 \in T.$$

称上式为随机过程 $\{X(t),\ t \in T\}$ 的二维分布函数.

一般地，对于任意固定 n 个时刻 $t_1,\ t_2,\ \cdots,\ t_n \in T$，$X(t_1)$，$X(t_2)$，$\cdots$，$X(t_n)$，是 n 个随机变量，称其联合分布函数

$$F_{t_1,\,t_2,\,\cdots,\,t_n}(x_1,\ x_2,\ \cdots,\ x_n) = P\{X(t_1) \leqslant x_1,\ X(t_2) \leqslant x_2,\ \cdots,\ X(t_n) \leqslant x_n\},$$

其中 $x_i \in \mathbf{R}$，$t_i \in T$，$i = 1,\ 2,\ \cdots,\ n$，为随机过程 $\{X(t),\ t \in T\}$ 的 n 维分布函数.

定义 2.3 设 $\{X(t),\ t \in T\}$ 是一随机过程，其一维、二维、…、n 维分布函数的全体为

$$F = \{F_{t_1,\,t_2,\,\cdots,\,t_n}(x_1,\ x_2,\ \cdots,\ x_n),\ x_i \in \mathbf{R},\ t_i \in T,\ i = 1,\ 2,\ \cdots,\ n,\ n \in \mathbf{N}\}$$

称为随机过程 $\{X(t),\ t \in T\}$ 的有限维分布函数族.

从上面容易看出，随机过程的有限维分布函数族具有对称性和相容性.

(1) 对称性：对 $1,\ 2,\ \cdots,\ n$ 的任意排列 $i_1,\ i_2,\ \cdots,\ i_n$，有

$$F_{t_{i_1},\,t_{i_2},\,\cdots,\,t_{i_n}}(x_{i_1},\ x_{i_2},\ \cdots,\ x_{i_n}) = F_{t_1,\,t_2,\,\cdots,\,t_n}(x_1,\ x_2,\ \cdots,\ x_n).$$

(2) 相容性：对任意固定的自然数 $m < n$，有

$$\begin{aligned} F_{t_1,\,t_2,\,\cdots,\,t_m}(x_1,\ x_2,\ \cdots,\ x_m) &= \lim_{x_{m+1},\,\cdots,\,x_n \to \infty} F_{t_1,\,\cdots,\,t_m,\,t_{m+1},\,\cdots,\,t_n}(x_1,\ \cdots,\ x_m,\ x_{m+1},\ \cdots,\ x_n) \\ &= F_{t_1,\,\cdots,\,t_m,\,t_{m+1},\,\cdots,\,t_n}(x_1,\ \cdots,\ x_m,\ \infty,\ \cdots,\ \infty). \end{aligned}$$

反之，若一族给定的分布函数

$$\{F_{t_1,\,t_2,\,\cdots,\,t_n}(x_1,\ x_2,\ \cdots,\ x_n),\ x_i \in \mathbf{R},\ t_i \in T,\ i = 1,\ 2,\ \cdots,\ n,\ n \in \mathbf{N}\}$$

满足上述对称性和相容性，则肯定存在一随机过程 $\{X(t),\ t \in T\}$ 使得其有限维分布族恰是该族分布函数.

随机过程的有限维分布函数族能对随机过程的概率特征做完整的描述，但在实际中

很难计算,同时,对有些随机过程,不一定需要求出它的有限维分布函数族,只需求出几个表征值就够了.为此,我们也像研究随机变量那样,给出随机过程的几个数字特征.

(1) 均值函数: 设 $\{X(t), t \in T\}$ 为随机过程,称

$$m(t) = E[X(t)],\ t \in T$$

为随机过程 $\{X(t), t \in T\}$ 的均值函数.均值函数是随机过程 $\{X(t), t \in T\}$ 的所有样本函数在 t 时刻的函数值的平均,表示其随机过程在 t 时刻的摆动中心.

(2) 方差函数和均方值函数: 设 $\{X(t), t \in T\}$ 为随机过程,称二阶中心矩

$$D(t) = D[X(t)] = E[(X(t) - m(t))^2],\ t \in T$$

为随机过程 $\{X(t), t \in T\}$ 的**方差函数**.

称二阶原点矩

$$\Phi(t) = E[X^2(t)],\ t \in T$$

为随机过程 $\{X(t), t \in T\}$ 的**均方值函数**.

(3) 协方差函数和自相关函数: 设 $\{X(t), t \in T\}$ 为随机过程,对任意 $s, t \in T$,称 $X(s)$, $X(t)$的二阶混合中心矩

$$\begin{aligned} C(s, t) = \mathrm{cov}(X(s), X(t)) &= E[(X(s) - m(s))(X(t) - m(t))] \\ &= E[X(s)X(t)] - m(s)m(t) \end{aligned}$$

为随机过程 $\{X(t), t \in T\}$ 的自协方差函数,简称协方差函数.

称

$$R(s, t) = E[X(s)X(t)]$$

为随机过程 $\{X(t), t \in T\}$ 的自相关函数.

显然

$$C(s, t) = R(s, t) - m(s)m(t),$$

当 $s = t$ 时

$$C(t, t) = D(t),$$

$$R(t, t) = E[X^2(t)] = \Phi(t).$$

随机过程的均值函数和方差函数描述了随机过程在每个时刻的统计平均特性和偏移程度,而协方差函数和自相关函数反映了随机过程的内在联系,描述了随机过程在任意两个时刻的线性相关程度.

在实际问题中,有时需要考虑两个随机过程之间的关系.例如: 通信系统中信号与干扰之间的关系,此时,需要互协方差函数和互相关函数来描述它们之间的线性关系.

(4) 互协方差函数和互相关函数: 设 $\{X(t), t \in T\}$ 和 $\{Y(t), t \in T\}$ 为两个随机过

程，对任意 $s, t \in T$，称

$$C_{XY}(s, t) = \operatorname{cov}(X(s), Y(t)) = E[(X(s) - m_X(s))(Y(t) - m_Y(t))]$$

为随机过程 $\{X(t), t \in T\}$ 与 $\{Y(t), t \in T\}$ 的互协方差函数，其中

$$m_X(s) = E[X(s)],\ m_Y(t) = E[Y(t)].$$

称

$$R_{XY}(s, t) = E[X(s)Y(t)]$$

为随机过程 $\{X(t), t \in T\}$ 与 $\{Y(t), t \in T\}$ 的互相关函数.

显然

$$C_{XY}(s, t) = R_{XY}(s, t) - m_X(s) \cdot m_Y(t).$$

若对任意的 $s, t \in T$，互协方差函数 $C_{XY}(s, t) = 0$，则称随机过程 $\{X(t), t \in T\}$ 与 $\{Y(t), t \in T\}$ 互不相关.

此时
$$R_{XY}(s, t) = m_X(s) \cdot m_Y(t),$$
即
$$E[X(s)Y(t)] = m_X(s) \cdot m_Y(t).$$

例 2.5 设随机过程

$$X(t) = A + Bt,\ t \in (-\infty, +\infty).$$

其中，A，B 是相互独立的随机变量，且均值为 0，方差为 1，求其数字特征.

解
$$m(t) = E[X(t)] = E[A + Bt] = E[A] + tE[B] = 0,$$
$$R(s, t) = E[(A + Bs)(A + Bt)] = E[A^2] + (s + t)E[AB] + stE[B^2] = 1 + st,$$
$$C(s, t) = R(s, t) - m(s)m(t) = 1 + st,$$
$$D(t) = C(t, t) = 1 + t^2,\ \Phi(t) = R(t, t) = 1 + t^2.$$

例 2.6 设两个随机过程 $X(t) = Ut^2$，$Y(t) = Ut^3$，其中 U 是随机变量，且 $DU = 5$，求互协方差函数.

解
$$m_X(t) = E[X(t)] = E[Ut^2] = t^2 EU,$$
$$m_Y(t) = E[Y(t)] = E[Ut^3] = t^3 EU,$$
$$\begin{aligned} C_{XY}(s, t) &= E[X(s) - m_X(s)][Y(t) - m_Y(t)], \\ &= E[X(s)Y(t)] - m_X(s) \cdot m_Y(t) = s^2 t^3 E[U^2] - s^2 t^3 (EU)^2 \\ &= s^2 t^3 DU = 5s^2 t^3. \end{aligned}$$

2.3 几类重要的随机过程

1. 正态过程

设 $\{X(t), t \in T\}$ 是一随机过程，如果对于任意 $n \geqslant 1$ 和任意 $t_1, t_2, \cdots, t_n \in$

T $(X(t_1), X(t_2), \cdots, X(t_n))$ 是 n 维正态随机变量,则称 $\{X(t), t\in T\}$ 为正态过程或高斯(Gauss) 过程.

多维正态随机向量的概率密度函数只与均值,方差和协方差有关,因此,对于正态过程,如果已知其均值函数、相关函数或协方差函数,便确定了过程的有限维分布.在正态分布中独立与不相关是等价的,所以对一个正态过程来说,独立与不相关是等价的.

正态过程在随机过程中的地位如同正态随机变量在概率论中的地位.在诸多实际问题中,例如:电信技术、测量技术、风险管理等领域都有着广泛的应用.

2. 独立增量过程

设 $\{X(t), t\in T\}$ 是一随机过程,如果对于任意 $n\geqslant 3$ 和任意 $t_1<t_2<\cdots<t_n\in T$, $X(t_2)-X(t_1), X(t_3)-X(t_2), \cdots, X(t_n)-X(t_{n-1})$ 相互独立,则称 $\{X(t), t\in T\}$ 为独立增量过程,又称可加过程.

对于独立增量过程,其有限维分布由一维分布和增量分布所确定(证明略).实际中,如服务系统在某段时间间隔内的顾客数、电话呼叫次数等都可用此过程来描述,特点是在不相重叠的时间间隔内,到达的顾客数、呼叫次数是相互独立的.

设 $\{X(t), t\in T\}$ 为独立增量过程,且对任意 $s<t\in T$, $X(t)-X(s)$的分布仅依赖于 $t-s$, 而与 s、t 本身取值无关,即

$$X(t_1+h)-X(t_1)\text{与 }X(t_2+h)-X(t_2)\text{同分布,}$$

其中 $t_1, t_2, t_1+h, t_2+h\in T, h>0$, 则称 $\{X(t), t\in T\}$ 是平稳独立增量过程,也称此随机过程是齐次的或时齐的.即增量所服从的分布只与时间间隔有关而与起点无关,具有平稳性.

后面提到的泊松过程(Poisson) 和布朗(Brown) 运动都是平稳独立增量过程,是随机过程理论中最重要的两大基石.

例 2.7　在独立重复试验中,设在一次试验中 A 出现的概率 $P(A)=p(0<p<1)$, $X(n)$ 表示试验进行到 $n\geqslant 1$ 次为止 A 出现的次数,证明 $\{X(n), n\geqslant 1\}$ 是平稳的独立增量过程.

证明　对任意的 $m\geqslant 1$, 任意的 $1\leqslant n_1<n_2<\cdots<n_m$, $X(n_2)-X(n_1)$, $X(n_3)-X(n_2)$, $\cdots$, $X(n_m)-X(n_{m-1})$分别表示第 n_1 次到第 n_2 次,第 n_2 次到第 n_3 次,…,第 n_{m-1}次到 n_m 次试验中 A 出现的次数,由于各次试验是相互独立的,所以增量彼此相互独立,从而 $\{X(n), n\geqslant 1\}$ 是独立增量过程.而 $X(n+m)-X(n)$ 表示在 m 次试验中 A 出现的次数,所以 $X(n+m)-X(n)$ 服从二项分布,即 $X(n+m)-X(n)\sim b(m, p)$ 与 n 无关,满足平稳性,所以 $\{X(n), n\geqslant 1\}$ 是平稳的独立增量过程.

3. 泊松(Poisson)过程

对任意的 $t\geqslant 0$, 若 $N(t)$表示在$(0, t]$内事件 A 发生的次数,且满足下面三点:

(1) $N(0)=0$;

(2) $\{N(t),\ t\geqslant 0\}$ 为独立增量过程;

(3) 对任意的 $t\geqslant 0,\ s\geqslant 0$, $N(s+t)-N(s)$ 服从参数为 λt 的泊松分布,即

$$P\{N(s+t)-N(s)=n\}=\mathrm{e}^{-\lambda t}\,\frac{(\lambda t)^n}{n!},\ n=0,\ 1,\ \cdots$$

则称 $\{N(t),\ t\geqslant 0\}$ 是强度为 λ 的泊松过程.

由(2)(3)知,泊松过程为平稳的独立增量过程.

泊松过程是一类重要的计数过程,在实际中有着广泛的应用.例如:考虑某商店在一段时间内前来购物的顾客人数,某医院在一段时间内前来就诊的患者人数,等等,都可用泊松过程来描述.

4. 更新过程

设 $\{T_n,\ n\geqslant 1\}$ 是独立同分布的非负随机变量序列,记 $S_0=0,\ S_n=T_1+T_2+\cdots+T_n,\ n\geqslant 1$, $N(t)=\max\{n:\ S_n\leqslant t\},\ t\geqslant 0$,则称 $\{N(t),\ t\geqslant 0\}$ 为更新过程.称 S_n 为第 n 个更新的时刻,T_n 为第 n 个更新的间距.更新过程的状态空间 $S=\{0,\ 1,\ 2,\ \cdots\}$.

泊松过程的到达时间间隔是相互独立,且服从同一 Poisson 分布的随机变量序列,更新过程的到达时间间隔也是独立同分布,但分布函数是任意的计数过程.

例 2.8 设一种电子元件一直使用到损坏或发生故障,然后再更换新的电子元件,假设这类电子元件的使用寿命 T 是分布函数为 $F(t)$ 的随机变量,则后面相继更换的电子元件的使用寿命 $T_1,\ T_2,\ \cdots$ 是独立且与 T 同分布的随机变量序列.若 $N(t)$ 表示 $(0,\ t]$ 时间段更换的电子元件数目,即

$$N(t)=\max\{n:\ T_1+T_2+\cdots+T_n\leqslant t\},\ t\geqslant 0.$$

则 $\{N(t),\ t\geqslant 0\}$ 是一更新过程.

5. 维纳(Wiener)过程

设随机过程 $\{X(t),\ t\geqslant 0\}$ 满足下面三点:

(1) $X(0)=0$;

(2) $\{X(t),\ t\geqslant 0\}$ 为平稳的独立增量过程;

(3) 对任意的 $0\leqslant s<t,\ X(t)-X(s)\sim N[0,\ \sigma^2(t-s)]$,

称随机过程 $\{X(t),\ t\geqslant 0\}$ 是参数为 σ^2 的 Wiener 过程或 Brown 运动.

维纳过程来源于物理学中对布朗运动的一种描述,也可以当作电路中热噪声的一种数学模型.可以验证,维纳过程是正态过程.

定理 2.1 设 $\{X(t),\ t\geqslant 0\}$ 是参数为 σ^2 的维纳过程,则

(1) 对任意 $t\geqslant 0$, $X(t)\sim N(0,\ \sigma^2 t)$;

(2) $m(t)=E[X(t)]=0,\ D(t)=D[X(t)]=\sigma^2 t$;

(3) $R(s,\ t)=C(s,\ t)=\sigma^2\min\{s,\ t\}$.

下面只证明(3),不妨设 $0\leqslant s\leqslant t$,

$$\begin{aligned}R(s,\ t)&=E[X(s)X(t)]=E[(X(s)-X(0))(X(t)-X(s)+X(s)-X(0))]\\&=E[(X(s)-X(0))(X(t)-X(s))]+E[(X(s)-X(0))^2]\\&=E[X(s)-X(0)]E[X(t)-X(s)]+E[X(s)^2]\\&=\sigma^2 s=\sigma^2\min\{s,\ t\},\end{aligned}$$

$$C(s,\ t)=R(s,\ t)-m(s)m(t)=R(s,\ t)=\sigma^2\min\{s,\ t\}.$$

容易证明维纳过程是正态过程.

6. 马尔可夫(Markov)过程

设随机过程 $\{X(t),\ t\in T\}$ 的状态空间为 S,若对任意的 $n\geqslant 3$,任意 $t_1<t_2<\cdots<t_n$,$t_i\in T$,在 $X(t_i)=x_i,\ x_i\in S,\ i=1,\ 2,\ \cdots,\ n-1$ 条件下,$X(t_n)$ 的分布函数恰好等于在 $X(t_{n-1})=x_{n-1}$ 条件下的分布函数,即

$$\begin{aligned}&P\{X(t_n)\leqslant x_n\mid X(t_1)=x_1,\ X(t_2)=x_2,\ \cdots,\ X(t_{n-1})=x_{n-1}\}\\&\quad=P\{X(t_n)\leqslant x_n\mid X(t_{n-1})=x_{n-1}\},\ x_n\in\mathbf{R},\end{aligned}$$

则称 $\{X(t),\ t\in T\}$ 为马尔可夫过程.

特别地,当参数集和状态空间都是离散的马尔可夫过程称为马尔可夫链,即对任意的 $n\geqslant 3,\ t_1<t_2<\cdots<t_n\in T,\ i_1,\ i_2,\ \cdots,\ i_n\in S$,

$$\begin{aligned}&P\{X(t_n)=i_n\mid X(t_1)=i_1,\ X(t_2)=i_2,\ \cdots,\ X(t_{n-1})=i_{n-1}\}\\&\quad=P\{X(t_n)=i_n\mid X(t_{n-1})=i_{i-1}\}.\end{aligned}$$

7. 平稳过程

设 $\{X(t),\ t\in T\}$ 为一随机过程,若对任意 $n\geqslant 1$ 和常数 $\tau,\ t_1,\ t_2,\ \cdots,\ t_n\in T,\ t_1+\tau,\ t_2+\tau,\ \cdots,\ t_n+\tau\in T$,$n$ 维随机变量 $(X(t_1),\ X(t_2),\ \cdots,\ X(t_n))$ 与 $(X(t_1+\tau),\ X(t_2+\tau),\ \cdots,\ X(t_n+\tau))$ 具有相同的联合分布,即

$$F_{t_1,\ t_2,\ \cdots,\ t_n}(x_1,\ x_2,\ \cdots,\ x_n)=F_{t_1+\tau,\ t_2+\tau,\ \cdots,\ t_n+\tau}(x_1,\ x_2,\ \cdots,\ x_n),$$

$$x_i\in\mathbf{R},\ i=1,\ 2,\ \cdots,\ n,$$

则称 $\{X(t),\ t\in T\}$ 为严(强、狭义)平稳过程.

严平稳过程的所有一维分布函数 $F_t(x)=P\{X(t)\leqslant x\}=F(x)$ 与 t 无关,二维分布函数不但是时间间隔的函数,而且与两个时刻本身无关,即

$$F_{t_1, t_2}(x_1, x_2) = F_{t_1+\tau, t_2+\tau}(x_1, x_2) \xlongequal{\tau = -t_1} F_{0, t_2-t_1}(x_1, x_2),$$

$$x_i \in \mathbf{R}, i = 1, 2, \cdots, n.$$

其均值函数 $m(t) = E[X(t)] = \int_{-\infty}^{+\infty} x \mathrm{d}F_t(x) = \int_{-\infty}^{+\infty} x \mathrm{d}F(x) \xlongequal{\text{def.}} m$ 恒为常数与 t 无关.

相关函数

$$R(s, t) = E[X(s)X(t)] = \int_{-\infty}^{+\infty}\int_{-\infty}^{+\infty} x_1 x_2 \mathrm{d}F_{s, t}(x_1, x_2)$$

$$= \int_{-\infty}^{+\infty}\int_{-\infty}^{+\infty} x_1 x_2 \mathrm{d}F_{0, t-s}(x_1, x_2) \xlongequal{\text{def.}} R(t-s),$$

协方差函数

$$C(s, t) = R(s, t) - m(s)m(t) = R(t-s) - m^2 \xlongequal{\text{def.}} C(t-s)$$

也只与时间间隔 $t-s$ 有关.

因此,严平稳过程的有限维分布不随时间的推移而改变,即统计特性与所选取的时间起点无关.由于随机过程的有限维分布有时很难确定,所以在实际中经常在相关理论的范围中考虑平稳过程,于是提出了下面的宽平稳过程.

设 $\{X(t), t \in T\}$ 为一随机过程,若满足

(1) 对任意 $t \in T$,$m(t) = E[X(t)] = m$ 是常数;

(2) 对任意 $s, t \in T$, $R(s, t) = E[X(s)X(t)] = R(t-s)$;

(3) $E[X^2(t)] < \infty$,

则称 $\{X(t), t \in T\}$ 为宽(弱、广义)平稳过程,简称平稳过程.

由定义可知,宽(弱、广义)平稳过程的均值函数为常数,其相关函数和协方差函数只与时间间隔 $t-s$ 有关,且二阶矩存在.

一般来说,严平稳过程不一定是宽平稳的,但若严平稳过程的二阶矩存在,则严平稳过程必定是宽平稳的.反过来,宽平稳过程也未必是严平稳的,因为由宽平稳的定义推导不出随机过程的有限维分布不随时间的推移而改变.

第 3 章

马尔可夫链

马尔可夫过程是无后效性的随机过程，其理论在近代物理学、生物学、管理科学等领域都有重要的应用.本章主要讨论参数集 $T=\mathbf{N}^{+}=\{0, 1, 2, \cdots\}$，状态空间 $S=\mathbf{N}^{+}=\{0, 1, 2, \cdots\}$，即时间和状态都离散的随机过程，通常称为马尔可夫链(Markov Chain, MC).

3.1 马尔可夫链的基本概念

设 $\{X(t), t\in T\}$ 为一随机过程，当 $X(t)$ 在 $t=t_0$ 时刻所处的状态已知时，它在时刻 $t>t_0$ 所处状态的条件分布与其在 t_0 之前所处的状态无关，通俗地说，已知过程“现在”的条件下，其“将来”的条件分布不依赖于“过去”，即“将来”与“过去”相互独立的，则称随机过程 $\{X(t), t\in T\}$ 具有马尔可夫性，也称为“无后效性”.

定义 3.1 设 $\{X(t), t\in T\}$ 为一随机过程，其中 $T=\{0, 1, 2, \cdots\}$，状态空间 $S=\{0, 1, 2, \cdots\}$，若对任意时刻 n，以及任意状态 $i_0, i_1, \cdots, i_{n-1}, i, j\in S$，有

$$
\begin{aligned}
&P\{X(n+1)=j \mid X(n)=i, X(n-1)=i_{n-1}, \cdots, X(1)=i_1, X(0)=i_0\}\\
&\quad =P\{X(n+1)=j \mid X(n)=i\},
\end{aligned}
$$

则称 $\{X(t), t\in T\}$ 为马尔可夫链，简记为 $\{X_n, n\geqslant 0\}$.

由定义知，在 $n+1$ 时刻的状态 $X(n+1)=j$ 的概率分布只与时刻 n 的状态 $X(n)=i$ 有关，而与以前的状态 $X(n-1)=i_{n-1}, \cdots, X(1)=i_1, X(0)=i$ 无关.

定义 3.2 称 $P\{X_{n+1}=j \mid X_n=i\}$ 为马尔可夫链 $\{X(t), t\in T\}$ 在时刻 n 的一步转移概率，记 $p_{ij}(n)$.表示马尔可夫链在时刻 n 处于状态 i 的条件下，到下一个时刻 $n+1$ 转移到状态 j 的条件概率.由于概率是非负的，且过程必须转移到某个状态，所以有

$$
(1)\ p_{ij}(n)\geqslant 0, i, j\in S;\quad (2)\ \sum_{j=0}^{\infty}p_{ij}(n)=1, i\in S.
$$

若固定时刻 $n\geqslant 0$，由一步转移概率 $p_{ij}(n)$为元素构成的矩阵

$$\boldsymbol{P}(n)=\begin{pmatrix} p_{00}(n) & p_{01}(n) & p_{02}(n)\cdots & p_{0j}(n)\cdots \\ p_{10}(n) & p_{11}(n) & p_{12}(n)\cdots & p_{1j}(n)\cdots \\ \vdots & \vdots & \vdots & \vdots \\ p_{i0}(n) & p_{i1}(n) & p_{i2}(n)\cdots & p_{ij}(n)\cdots \end{pmatrix}.$$

$\boldsymbol{P}(n)$ 为在时刻 n 的一步转移矩阵.由一步转移概率 $p_{ij}(n)$的性质知,一步转移矩阵 $\boldsymbol{P}(n)$ 中每一行的元素都为 1.

若一步转移概率 $p_{ij}(n)$与 n 无关,即 $P\{X_{n+1}=j \mid X_n=i\}=p_{ij}$ 称马尔可夫链为齐次马尔可夫链,它与起始时刻无关(时齐的),此时,一步转移矩阵 $\boldsymbol{P}(n)=\boldsymbol{P}$. 今后所讨论的马尔可夫链都为齐次的.

定义 3.3 设 $\{X_n, n\geqslant 0\}$ 为马尔可夫链,称 $q_i=P\{X_0=i\}$ 为初始概率,称 $q_i(n)=P\{X_n=i\}$ 为绝对概率,其中 $i\in S$. 并称 $\{q_i, i\in S\}$ 和$\{q_i(n), i\in S\}$ 为初始分布和绝对分布.初始分布表示马尔可夫链在初始时刻的概率分布,绝对分布表示在其他时刻无条件的概率分布.

例 3.1(随机游动模型) 在直线整数点上运动的粒子,当它处于位置 i 时,向右移动到位置 $i+1$ 的概率为 p,向左移动到位置 $i-1$ 的概率为 $q=1-p$,设初始时刻粒子处在原点,即 $X_0=0$, 则粒子在时刻 n 所处的位置 X_n, $n=0, 1, 2, \cdots$ 是一个时齐的马尔可夫链,其转移概率

$$p_{ij}=\begin{cases} p & j=i+1, \\ q & j=i-1, \end{cases} \quad i, j=0, \pm 1, \pm 2, \cdots$$

例 3.2 (赌博模型) 考虑一个赌徒,在每局中赢 1 美元的概率为 p,输 1 美元的概率为 $q=1-p$,假设他在破产时或者财富达到 N 美元时离开,那么赌徒的财富是一个时齐的马尔可夫链,其转移概率为

$$p_{ij}=\begin{cases} p & j=i+1, \\ q & j=i-1, \end{cases} \quad i=1, 2, \cdots, N-1, \; p_{00}=p_{NN}=1,$$

从而转移概率矩阵为

$$\boldsymbol{P}=\begin{pmatrix} 1 & 0 & \cdots & \cdots & \cdots & \cdots & 0 \\ q & 0 & p & 0 & \cdots & 0 & 0 \\ 0 & q & 0 & p & \cdots & 0 & 0 \\ \vdots & \vdots & \vdots & \vdots & \vdots & \vdots & \vdots \\ \vdots & 0 & 0 & q & 0 & p & \vdots \\ 0 & 0 & \cdots & 0 & q & 0 & p \\ 0 & \cdots & \cdots & \cdots & \cdots & 0 & 1 \end{pmatrix}.$$

状态 0 和 N 称为吸收态，因为一旦进入此状态，他们就不再离开，赌博模型可以看作具有吸收壁（状态 0 和 N）的有限状态的随机游动.

例 3.3（赌徒输光模型） 假设有甲、乙两个赌徒进行赌博，每赌一局输者给赢者 1 元，没有和局，赌博一直进行到有一人输光为止.在开始时刻甲有赌资 a 元，乙有赌资 b 元，第 n 局结束后，甲持有的赌资记为 X_n，假设每一局中甲获胜的概率为 p，乙获胜的概率为 q（其中 $p+q=1$），且各局是相互独立的.求甲输光（或乙输光）的概率.

分析：此模型实质上可以看作带有两个吸收壁的随机游动模型.假设第 n 局结束后，甲持有的赌资记为 X_n，则 X_n 是一个时齐的马尔可夫链.当 $X_n=0$ 或 $X_n=a+b$ 时，博弈结束，对应的状态空间 $S=\{0,\ 1,\ 2,\ \cdots,\ a+b\}$，问题转化为从状态 a 出发，X_n 到达状态 0 要先于到达状态 $a+b$ 的概率.

解　设 Y_k 为在 k 局中甲赢得的资金，则

$$P\{Y_k=1\}=p,\ P\{Y_k=-1\}=q.$$

记从状态 a 出发甲输光的概率为 p_a，则

$$\begin{aligned}
p_a &= P\{\text{甲输光} \mid X_0=a\} \\
&= P\{\text{甲输光} \mid X_0=a,\ Y_1=1\},\ P\{Y_1=1 \mid X_0=a\}+ \\
&\quad P\{\text{甲输光} \mid X_0=a,\ Y_1=-1\},\ P\{Y_1=-1 \mid X_0=a\} \\
&= P\{\text{甲输光} \mid X_0=a,\ X_1=a+1\},\ P\{Y_1=1 \mid X_0=a\}+ \\
&\quad P\{\text{甲输光} \mid X_0=a,\ X_1=a-1\}P\{Y_1=-1 \mid X_0=a\} \\
&= P\{\text{甲输光} \mid X_1=a+1\},\ P\{Y_1=1\}+P\{\text{甲输光} \mid X_1=a-1\}P\{Y_1=-1\} \\
&\quad (X_n \text{ 为马尔可夫链}, Y_1 \text{ 与 } X_0 \text{ 独立}) \\
&= P\{\text{甲输光} \mid X_1=a+1\},\ P\{Y_1=1\}+P\{\text{甲输光} \mid X_1=a-1\}P\{Y_1=-1\} \\
&= pp_{a+1}+qp_{a-1}.
\end{aligned}$$

即

$$(p+q)p_a=pp_{a+1}+qp_{a-1} \Rightarrow p(p_{a+1}-p_a)=q(p_a-p_{a-1}). \tag{3.1}$$

方程(1)为常系数二阶差分方程，且满足 $p_0=1$（开始时甲就已经输光），$p_{a+b}=0$（开始时乙就已经输光），利用数学归纳法求差分方程的解，得到

$$p_a=\begin{cases} \dfrac{\left(\dfrac{q}{p}\right)^a-\left(\dfrac{q}{p}\right)^{a+b}}{1-\left(\dfrac{q}{p}\right)^{a+b}}, & p \neq q, \\[2ex] \dfrac{b}{a+b}, & p=q. \end{cases}$$

例 3.4（可转化成马尔可夫链） 假设今天是否下雨依赖于前两天的天气情况，假设如果过去的两天都下雨，那么明天下雨的概率为 0.7；如果今天下雨，但昨天没有下雨，那

么明天下雨的概率为 0.5;如果昨天下雨,但今天没有下雨,那么明天下雨的概率为 0.4;如果过去的两天都没下雨,那么明天下雨的概率为 0.2.

如果假设在时间 n 的状态只依赖于时间 n 是否下雨,那么模型就不是一个马尔可夫链.但我们可以通过假定在任意时间的状态是由这一天和前一天的天气条件共同确定,可将上述模型转变为一个马尔可夫链.即假定过程有如下 4 个状态:

状态 0:今天和昨天都下雨;　　状态 1:今天下雨,但昨天没有下雨;

状态 2:昨天下雨但今天没有下雨;　　状态 3:今天和昨天都没有下雨.

其转移概率矩阵

$$\boldsymbol{P}=\begin{pmatrix}0.7 & 0 & 0.3 & 0\\ 0.5 & 0 & 0.5 & 0\\ 0 & 0.4 & 0 & 0.6\\ 0 & 0.2 & 0 & 0.8\end{pmatrix}.$$

我们已经定义了一步转移概率,同样也可以定义 n 步转移概率.

定义 3.4　设 $\{X(t),\ t\in T\}$ 为齐次马尔可夫链,称条件概率 $P\{X_{n+m}=j\mid X_m=i\}$, $i,\ j\in S,\ n\geqslant 1,\ m\geqslant 0$ 为 n 步转移概率,记 $p_{ij}^{(n)}$,它表示过程在时间 m 从状态 i 出发,经过 n 步转移后到达状态 j 的概率,由于马尔可夫链为齐次的,所以条件概率与起始时刻 m 无关.

对于 n 步转移概率 $p_{ij}^{(n)}$,满足 $p_{ij}^{(n)}\geqslant 0,\ \sum\limits_{j\in S}p_{ij}^{(n)}=1$,

称由 n 步转移概率 $p_{ij}^{(n)}$ 为元素构成的矩阵 $\boldsymbol{P}^{(n)}=(p_{ij}^{(n)})$ 为 n 步转移矩阵.同样,由 n 步转移概率 $p_{ij}^{(n)}$ 的性质知,n 步转移矩阵 $\boldsymbol{P}^{(n)}$ 中每一行的元素都为 1,且规定:

$$\boldsymbol{P}^{(0)}=(p_{ij}^{(0)})=\begin{cases}1, & i=j,\\ 0, & i\neq j.\end{cases}$$

如果马尔可夫链的状态有限,则 $\boldsymbol{P}^{(0)}$ 为单位矩阵.

当 $n=1$ 时,$p_{ij}^{(n)}=p_{ij}^{(1)}=p_{ij}$,此时一步转移矩阵 $\boldsymbol{P}^{(1)}=\boldsymbol{P}$.

定理 3.1　绝对概率由初始分布和 n 步转移概率完全确定.即:

$$q_j(n)=\sum_{i\in S}q_i p_{ij}^{(n)}.$$

用矩阵表示即 $Q(n)=(q_j(n))=QP^{(n)}$,其中 Q 为初始概率矩阵.

证明

$$\begin{aligned}q_j(n)&=P\{X_n=j\}=\sum_{i\in S}P\{X_0=i,\ X_n=j\}\\&=\sum_{i\in S}P\{X_0=i\}P\{X_n=j\mid X_0=i\}=\sum_{i\in S}q_i p_{ij}^{(n)}.\end{aligned}$$

定理 3.2(Chapman - Kolmogorov,简称 C - K 方程)　对任意整数 $m,\ n\geqslant 0,\ i,\ j\in S$,有

$$p_{ij}^{(m+n)} = \sum_{k \in S} p_{ik}^{(m)} p_{kj}^{(n)}.$$

证明　$p_{ij}^{(m+n)} = P\{X_{n+m}=j \mid X_0=i\} = \sum_{k \in S} P\{X_{n+m}=j, X_m=k \mid X_0=i\}$

$$= \sum_{k \in S} P\{X_m=k \mid X_0=i\} P\{X_{n+m}=j \mid X_m=k, X_0=i\}$$

$$= \sum_{k \in S} P\{X_m=k \mid X_0=i\} P\{X_{n+m}=j \mid X_m=k\}$$

$$= \sum_{k \in S} p_{ik}^{(m)} p_{kj}^{(n)}.$$

C-K 方程指出：马尔可夫链 $\{X_n, n \geqslant 0\}$ 开始处于状态 i 的过程经过 $n+m$ 步转移到状态 j，可以先在起始时刻从状态 i 出发，经过 m 步到达某个中间状态 k，再从状态 k 出发经过 n 步转移到状态 j，而中间状态 k 要取遍整个状态空间.

由 C-K 方程得到：$\boldsymbol{P}^{(n+m)} = \boldsymbol{P}^{(m)} \boldsymbol{P}^{(n)}$，

特别：$\boldsymbol{P}^{(2)} = \boldsymbol{P}^{(1)} \boldsymbol{P}^{(1)} = \boldsymbol{P} \cdot \boldsymbol{P} = \boldsymbol{P}^2$，$\boldsymbol{P}^{(n)} = \boldsymbol{P}^{(n-1)} \boldsymbol{P}^{(1)} = \boldsymbol{P}^{(n-2)} \cdot \boldsymbol{P}^2 = \cdots = \boldsymbol{P}^n$，即：马尔可夫链的 n 步转移概率由一步转移概率完全确定.

因此定理 3.1 可以表示成 $Q(n) = (q_j(n)) = QP^{(n)} = QP^n$，即绝对分布完全由初始分布和一步转移概率所确定.

定理 3.3　齐次马尔可夫链 $\{X_n, n \geqslant 0\}$ 的有限维分布由初始分布和一步转移概率完全确定.

证明　对任意 $n \geqslant 1$，任意 $0 \leqslant t_1 < t_2 < \cdots < t_n$，$i_1, i_2, \cdots, i_n, i \in S$，

$$P\{X_{t_1}=i_1, X_{t_2}=i_2, \cdots, X_{t_n}=i_n\}$$

$$= \sum_{i=0}^{\infty} P\{X_0=i, X_{t_1}=i_1, X_{t_2}=i_2, \cdots, X_{t_n}=i_n\}\text{（乘法公式）}$$

$$= \sum_{i=0}^{\infty} P\{X_0=i\} \cdot P\{X_{t_1}=i_1 \mid X_0=i\} \cdot P\{X_{t_2}=i_2 \mid X_0=i, X_{t_1}=i_1\} \cdot \cdots \cdot P\{X_{t_n}=i_n \mid X_0=i, X_{t_1}=i_1, \cdots, X_{t_{n-1}}=i_{n-1}\}$$

$$= \sum_{i=0}^{\infty} P\{X_0=i\} \cdot P\{X_{t_1}=i_1 \mid X_0=i\} \cdot P\{X_{t_2}=i_2 \mid X_{t_1}=i_1\} \cdot \cdots \cdot P\{X_{t_n}=i_n \mid X_{t_{n-1}}=i_{n-1}\}$$

$$= \sum_{i=0}^{\infty} q_i \cdot p_{ii_1}(t_1) \cdot p_{i_1 i_2}(t_2-t_1) \cdot \cdots \cdot p_{i_{n-1} i_n}(t_n-t_{n-1}),$$

即齐次马尔可夫链 $\{X_n, n \geqslant 0\}$ 的有限维分布由初始分布和一步转移概率完全确定.因此只要知道初始概率和一步转移概率，就可以描述马尔可夫链的统计特性.

例如：在例 3.4 中，已知星期一与星期二下雨，问星期四下雨的概率是多少？

两步转移矩阵为

$$P^{(2)}=P^2=\begin{pmatrix}0.7&0&0.3&0\\0.5&0&0.5&0\\0&0.4&0&0.6\\0&0.2&0&0.8\end{pmatrix}\begin{pmatrix}0.7&0&0.3&0\\0.5&0&0.5&0\\0&0.4&0&0.6\\0&0.2&0&0.8\end{pmatrix}=\begin{pmatrix}0.49&0.12&0.21&0.18\\0.35&0.20&0.15&0.30\\0.20&0.12&0.20&0.48\\0.10&0.16&0.10&0.64\end{pmatrix}.$$

由于星期四下雨意味着过程所处的状态在 0 或 1，因此星期一、星期二下雨，星期四又下雨的概率为 $p_{00}^{(2)}+p_{01}^{(2)}=0.49+0.12=0.61$.

例 3.5 设甲、乙两人进行比赛，在每局中甲胜的概率为 p，乙胜的概率为 q，平局的概率为 $r(p+q+r=1)$. 设每局比赛后，胜者加 1 分，输者减 1 分，平局不记分.当两人中有一人得 2 分，比赛结束.令 X_n 表示比赛到第 n 局时甲得分.

(1) 写出状态空间；

(2) 求两步转移矩阵 $P^{(2)}$；

(3) 在甲获得 1 分的条件下，比赛再进行两局结束的概率.

解

(1) 状态空间 $S=\{-2,-1,0,1,2\}$.

(2) 因为一步转移矩阵 $P=\begin{pmatrix}1&0&0&0&0\\q&r&p&0&0\\0&q&r&p&0\\0&0&q&r&p\\0&0&0&0&1\end{pmatrix}$，

所以

$$P^2=\begin{pmatrix}1&0&0&0&0\\q&r&p&0&0\\0&q&r&p&0\\0&0&q&r&p\\0&0&0&0&1\end{pmatrix}\begin{pmatrix}1&0&0&0&0\\q&r&p&0&0\\0&q&r&p&0\\0&0&q&r&p\\0&0&0&0&1\end{pmatrix}$$

$$=\begin{pmatrix}1&0&0&0&0\\q+rq&r^2+pq&2rp&p^2&0\\q^2&2rq&2pq+r^2&2rp&p^2\\0&q^2&2rq&pq+r^2&rp+p\\0&0&0&0&1\end{pmatrix}.$$

(3) 在甲得 1 分(状态 4)的条件下，如果再比赛两局结束比赛，甲此时的得分情况要么是 2 分(状态 5)，要么是−2 分(状态 1)，即甲从状态 4 经两步转移到状态 5 或状态 1，从而结束比赛的概率为

$$p_{45}^{(2)}+p_{41}^{(2)}=rp+p+0=rp+p=p(1+r).$$

例 3.6　市场上主要销售4种品牌牛奶A, B, C, D,根据调查发现,购买者购买哪种品牌的牛奶只与前一轮购买的品牌有关,而与以前购买的品牌无关.设 X_0 为最初购买的牛奶品牌,X_n 为第 n 轮购买的牛奶品牌,则 X_n 为4个状态的马尔可夫链,假定购买4种品牌牛奶A, B, C, D,分别对应于状态0, 1, 2, 3,则状态空间 $S=\{0, 1, 2, 3\}$,市场调查发现品牌之间的转移概率矩阵

$$\boldsymbol{P}=\begin{pmatrix}0.90 & 0.05 & 0.03 & 0.02\\ 0.10 & 0.80 & 0.05 & 0.05\\ 0.08 & 0.10 & 0.80 & 0.02\\ 0.10 & 0.10 & 0.10 & 0.70\end{pmatrix}.$$

可以计算经过三次转换后,品牌之间的转移概率矩阵是 $\boldsymbol{P}^3$,计算矩阵的乘积得

$$\boldsymbol{P}^3=\begin{pmatrix}0.90 & 0.05 & 0.03 & 0.02\\ 0.10 & 0.80 & 0.05 & 0.05\\ 0.08 & 0.10 & 0.80 & 0.02\\ 0.10 & 0.10 & 0.10 & 0.70\end{pmatrix}^3=\begin{pmatrix}0.7544 & 0.1220 & 0.0770 & 0.0466\\ 0.2414 & 0.5496 & 0.1163 & 0.0927\\ 0.2054 & 0.2088 & 0.5359 & 0.0499\\ 0.2392 & 0.2066 & 0.1899 & 0.3643\end{pmatrix}.$$

四种品牌牛奶在市场上的占有率随时间的推移发生改变,假设初始的市场占有率 $Q=(q_1, q_2, q_3)=(0.3, 0.2, 0.1, 0.4)$,则经过三次转换后,市场上的占有率为

$$\begin{aligned}\boldsymbol{QP}^3&=(0.3, 0.2, 0.1, 0.4)\begin{pmatrix}0.7544 & 0.1220 & 0.0770 & 0.0466\\ 0.2414 & 0.5496 & 0.1163 & 0.0927\\ 0.2054 & 0.2088 & 0.5359 & 0.0499\\ 0.2392 & 0.2066 & 0.1899 & 0.3643\end{pmatrix}\\ &=(0.3908, 0.25, 0.1759, 0.1832),\end{aligned}$$

即4种品牌牛奶的市场占有率分别为0.390 8, 0.25, 0.175 9, 0.183 2,对品牌A,市场份额由原来的30%增至39%;对品牌B,市场份额由原来的20%增至25%;对品牌C,市场份额由原来的10%增至17%;对品牌D,市场份额由原来的40%减至18%.进一步通过市场占有率的变化情况可以推断广告方式对各品牌效益的影响.

例 3.7　有一个多级传输系统只传输数字0或1,在每一级传输过程中传输无误的概率为 p,出错的概率为 $q=1-p$.设 X_n 表示第 n 级的输出结果,则 $\{X_n, n\geqslant 1\}$ 是齐次的马尔可夫链,状态空间 $S=\{0, 1\}$,并且一步转移概率矩阵为

$$\boldsymbol{P}=\begin{pmatrix}p & q\\ q & p\end{pmatrix}.$$

(1) 系统经过两级传输后无误的概率;

(2) 系统经过 n 级传输后出错的概率;

(3) 当系统经过 n 级传输后输出为 0,求原输入数字也是 0 的概率.

解 由 $|\lambda I-\boldsymbol{P}|=\begin{vmatrix}\lambda-p & q\\ q & \lambda-p\end{vmatrix}=(\lambda-p)^2-q^2=0$,得转移矩阵 $\boldsymbol{P}$ 有两个相异的特征值 $\lambda_1=1$, $\lambda_2=p-q$, 而 λ_1, λ_2 对应的特征向量分别为

$$\begin{pmatrix}\frac{1}{\sqrt{2}}\\ \frac{1}{\sqrt{2}}\end{pmatrix},\quad \begin{pmatrix}-\frac{1}{\sqrt{2}}\\ \frac{1}{\sqrt{2}}\end{pmatrix}.$$

因此对转移矩阵 $\boldsymbol{P}$,存在可逆矩阵

$$\boldsymbol{M}=\begin{pmatrix}\frac{1}{\sqrt{2}} & -\frac{1}{\sqrt{2}}\\ \frac{1}{\sqrt{2}} & \frac{1}{\sqrt{2}}\end{pmatrix},$$

使得

$$\boldsymbol{M}^{-1}\boldsymbol{P}\boldsymbol{M}=\begin{pmatrix}1 & 0\\ 0 & p-q\end{pmatrix}=\boldsymbol{\Lambda},$$

即

$$\boldsymbol{P}=\boldsymbol{M}\boldsymbol{\Lambda}\boldsymbol{M}^{-1}.$$

$$\boldsymbol{P}^n=(\boldsymbol{M}\boldsymbol{\Lambda}\boldsymbol{M}^{-1})^n=\boldsymbol{M}\boldsymbol{\Lambda}^n\boldsymbol{M}^{-1}=\begin{pmatrix}\frac{1}{\sqrt{2}} & -\frac{1}{\sqrt{2}}\\ \frac{1}{\sqrt{2}} & \frac{1}{\sqrt{2}}\end{pmatrix}\begin{pmatrix}1 & 0\\ 0 & (p-q)^n\end{pmatrix}\begin{pmatrix}\frac{1}{\sqrt{2}} & \frac{1}{\sqrt{2}}\\ -\frac{1}{\sqrt{2}} & \frac{1}{\sqrt{2}}\end{pmatrix}$$

$$=\begin{pmatrix}\frac{1}{2}+\frac{1}{2}(p-q)^n & \frac{1}{2}-\frac{1}{2}(p-q)^n\\ \frac{1}{2}-\frac{1}{2}(p-q)^n & \frac{1}{2}+\frac{1}{2}(p-q)^n\end{pmatrix}.$$

因此系统经过两级传输后无误的概率为

$$p_{00}^{(2)}=p_{11}^{(2)}=\frac{1}{2}+\frac{1}{2}(p-q)^2.$$

系统经过 n 级传输后出错的概率为

$$p_{01}^{(2)}=p_{10}^{(2)}=\frac{1}{2}-\frac{1}{2}(p-q)^n.$$

由贝叶斯公式,系统经过 n 级传输后输出为 0,原输入数字也是 0 的概率为

$$\begin{aligned}P\{X_0=0\mid X_n=0\}&=\frac{P\{X_n=0\mid X_0=0\}P\{X_0=0\}}{P\{X_n=0\}}\\&=\frac{P\{X_n=0\mid X_0=0\}P\{X_0=0\}}{P\{X_n=0\mid X_0=0\}P\{X_0=0\}+P\{X_n=0\mid X_0=1\}P\{X_0=1\}}\\&=\frac{p_{00}^{(n)}q_0^{(0)}}{p_{00}^{(n)}q_0^{(0)}+p_{10}^{(n)}q_1^{(0)}}.\end{aligned}$$

如果 $q_0^{(0)}=\alpha$,则

$$\begin{aligned}P\{X_0=0\mid X_n=0\}&=\frac{p_{00}^{(n)}\alpha}{p_{00}^{(n)}\alpha+p_{10}^{(n)}(1-\alpha)}\\&=\frac{\left(\frac{1}{2}+\frac{1}{2}(p-q)^n\right)\alpha}{\left(\frac{1}{2}+\frac{1}{2}(p-q)^n\right)\alpha+\left(\frac{1}{2}-\frac{1}{2}(p-q)^n\right)(1-\alpha)},\end{aligned}$$

当 $\alpha=\frac{1}{2}$ 时,

$$P\{X_0=0\mid X_n=0\}=\frac{1}{2}+\frac{1}{2}(p-q)^n.$$

3.2　马尔可夫链的状态分类

本节将从齐次马尔可夫链的转移概率出发,讨论马尔可夫链的状态分类问题,进一步揭示齐次马尔可夫链的基本结构.

定义 3.5　对于状态 $i,j\in S$,若存在 $n\geqslant 0$ 使得 $p_{ij}^{(n)}>0$,称状态 i 可达状态 j,记作 $i\to j$,否则称 i 不可达 j,意味着对任意 $n\geqslant 0$,$p_{ij}^{(n)}=0$.若 $i\to j$ 且 $j\to i$,则称 i,j 互通(互达),记作 $i\leftrightarrow j$.

定理 3.4　对于状态 $i,j,k\in S$,若 $i\to j$,$j\to k$,则 $i\to k$.

证明　由 $i\to j$,存在 $n_1\geqslant 0$,使得 $p_{ij}^{(n_1)}>0$,由 $j\to k$,存在 $n_2\geqslant 0$,$p_{jk}^{(n_2)}>0$,由 C-K 方程

$$p_{ik}^{(n_1+n_2)}=\sum_{s\in S}p_{is}^{(n_1)}p_{sk}^{(n_2)}\geqslant p_{ij}^{(n_1)}p_{jk}^{(n_2)}>0,$$

即存在 $n_1+n_2\geqslant 0$,使得 $p_{ik}^{(n_1+n_2)}>0$,所以有 $i\to k$.

推论:若 $i\leftrightarrow j$,$j\leftrightarrow k$,则 $i\leftrightarrow k$.

互通关系是一等价关系，即满足下面三个性质：

(1) 自反性：$i \leftrightarrow i\,(p_{ii}^{(0)}=1)$；

(2) 对称性：若 $i \leftrightarrow j$，则 $j \leftrightarrow i$；

(3) 传递性：若 $i \leftrightarrow j$，$j \leftrightarrow k$，则 $i \leftrightarrow k$.

对于互通的两个状态，称为在同一个状态类中，由互通关系的三个性质可得，任意两个状态类或者相同，或者不相交.因此按照互通关系可将状态空间分成许多不相交的分离类.如果一个马尔可夫链只有一个类，且所有的状态互通，称马尔可夫链不可约.

例 3.8 设马尔可夫链有 3 个状态 0，1，2，其转移矩阵

$$\boldsymbol{P}=\begin{pmatrix} \frac{1}{2} & \frac{1}{2} & 0 \\ \frac{1}{2} & \frac{1}{4} & \frac{1}{4} \\ 0 & \frac{1}{3} & \frac{2}{3} \end{pmatrix}.$$

容易验证这个马尔可夫链不可约.例如，它可能从状态 0 到达状态 2，因为 $0 \to 1 \to 2$，即从 0 到达 2 的途径是：首先从 0 到达 $1\left(\text{概率}\frac{1}{2}\right)$，然后再从 1 到达 $2\left(\text{概率}\frac{1}{4}\right)$.

定义 3.6 设状态 $i, j \in S$，$n \geqslant 1$，称

$$f_{ij}^{(n)}=P\{X_n=j,\ X_k \neq j,\ 1 \leqslant k \leqslant n-1 \mid X_0=i\}$$

为马尔可夫链从状态 i 出发经过 n 步首次到达状态 j 的概率，简称首达概率.

称

$$f_{ij}=\sum_{n=1}^{\infty} f_{ij}^{(n)}=P\left(\bigcup_{n=1}^{\infty}\{X_n=j,\ X_k \neq j,\ 1 \leqslant k \leqslant n-1 \mid X_0=i\}\right)$$

为马尔可夫链从状态 i 出发经过有限步终于到达状态 j 的概率.

若 $f_{ii}=1$，则称状态 i 常返的；若 $f_{ii}<1$，则称状态 i 非常返的(或暂态的).

假设马尔可夫链的状态 i 是常返的，从状态 i 出发经过有限步后以概率 1 再进入状态 i，由马尔可夫链的定义，当它再进入 i 时，该过程又将重复，从而状态 i 将被再度访问，随着时间的无限推移，即有无穷多次返回到状态 i，从而停留在状态 i 的平均时间周期为是无穷的.若状态 i 是非常返的，则由 i 出发将以 $1-f_{ii}$ 的概率永远不再返回到状态 i.所以从状态 i 出发恰好停留 n 个时间周期的概率等于 $f_{ii}^{n-1}(1-f_{ii})$，$n \geqslant 1$. 即停留在状态 i 的时间周期个数是几何分布 $(q=f_{ii})$，其均值为 $\frac{1}{1-f_{ii}}\left(\text{几何分布的均值}\frac{1}{p}\right)$.

令
$$I_n=\begin{cases} 1, & \text{若 } X_n=i, \\ 0, & \text{若 } X_n \neq i, \end{cases}$$

则 $\sum_{n=0}^{\infty} I_n$ 表示马尔可夫链处于状态 i 的时间周期个数,并且停留的平均周期

$$E\left[\sum_{n=0}^{\infty} I_n \mid X_0=i\right]=\sum_{n=0}^{\infty} E[I_n \mid X_0=i]=\sum_{n=0}^{\infty} P\{X_n=i \mid X_0=i\}=\sum_{n=0}^{\infty} p_{ii}^{(n)}.$$

于是得到如下结论.

定理 3.5　状态 i 常返的充要条件为 $\sum_{n=0}^{\infty} p_{ii}^{(n)}=\infty$.

状态 i 非常返的充要条件为 $\sum_{n=0}^{\infty} p_{ii}^{(n)}=\dfrac{1}{1-f_{ii}}<\infty$.

定理 3.5 表明,当状态 i 常返时,返回 i 的次数是无限多次;当状态 i 非常返时,返回 i 的次数只能是有限多次.

推论 3.1　设状态 j 是常返的:

(1) 当 $i \rightarrow j$ 时, $\sum_{n=1}^{\infty} p_{ij}^{(n)}=\infty$;

(2) 当 $i \nrightarrow j$ 时, $\sum_{n=1}^{\infty} p_{ij}^{(n)}=0$.

证明　当 $i \rightarrow j$,则存在 $m \geqslant 1$,使得 $p_{ij}^{(m)}>0$, 由 C-K 方程

$$p_{ij}^{(m+n)}=\sum_{k \in S} p_{ik}^{(m)} p_{kj}^{(n)} \geqslant p_{ij}^{(m)} p_{jj}^{(n)},$$

两边求和

$$\sum_{n=1}^{\infty} p_{ij}^{(m+n)} \geqslant p_{ij}^{(m)} \sum_{n=1}^{\infty} p_{jj}^{(n)}=\infty,$$

所以

$$\sum_{n=1}^{\infty} p_{ij}^{(n)}=\infty.$$

当 $i \nrightarrow j$ 时,对任意 $n \geqslant 1, p_{ij}^{(n)}=0$,所以 $\sum_{n=1}^{\infty} p_{ij}^{(n)}=0$.

定义 3.7　设 $j \in S$, 称 $T_j=\min\{n \mid n \geqslant 1,\ X_n=j\}$ 为马尔可夫链首次到达状态 j 的时间,简称首达时.若对任意 $n \geqslant 1,\ X_n \neq j$, 则 $T_j=\infty$, 即马尔可夫链在有限时间内不可能到达状态 j,显然 T_j 是随机变量.

容易证明:

$$P\{T_j=n \mid X_0=i\}=P\{X_n=j,\ X_k \neq j,\ 1 \leqslant k \leqslant n-1 \mid X_0=i\}=f_{ij}^{(n)},$$

$$\begin{aligned} P\{T_j<\infty \mid X_0=i\} &= P\left(\bigcup_{n=1}^{\infty}\{T_j=n \mid X_0=i\}\right) \\ &= \sum_{n=1}^{\infty} P\{T_j=n \mid X_0=i\}=\sum_{n=1}^{\infty} f_{ij}^{(n)}=f_{ij}, \end{aligned}$$

特别：$P\{T_i < \infty \mid X_0 = i\} = f_{ii}$.

由定理 3.5 可得下面结论.

定理 3.6 状态 i 常返的充要条件为 $P\{T_i < \infty \mid X_0 = i\} = f_{ii} = 1$，

状态 i 非常返的充要条件为 $P\{T_i < \infty \mid X_0 = i\} = f_{ii} < 1$.

定理 3.7(首次达到分解式) 设 $i, j \in S$, $n \geqslant 1$，则 $p_{ij}^{(n)} = \sum_{m=1}^{n} f_{ij}^{(m)} p_{jj}^{(n-m)}$.

证明

$$
\begin{aligned}
p_{ij}^{(n)} &= P\{X_n = j \mid X_0 = i\} = P\{T_j \leqslant n, X_n = j \mid X_0 = i\} \\
&= P\left(\bigcup_{m=1}^{n} \{T_j = m, X_n = j \mid X_0 = i\}\right) \\
&= \sum_{m=1}^{n} P\{T_j = m, X_n = j \mid X_0 = i\} \\
&= \sum_{m=1}^{n} P\{T_j = m \mid X_0 = i\} P\{X_n = j \mid X_0 = i, T_j = m\} \\
&= \sum_{m=1}^{n} P\{T_j = m \mid X_0 = i\} P\{X_n = j \mid X_0 = i, \Lambda X_1 \neq j, \cdots, \Lambda X_{m-1} \neq j, X_m = j\} \\
&= \sum_{m=1}^{n} P\{T_j = m \mid X_0 = i\} P\{X_n = j \mid X_m = j\} \\
&= \sum_{m=1}^{n} f_{ij}^{(m)} p_{jj}^{(n-m)}.
\end{aligned}
$$

本定理表明 n 步转移概率 $p_{ij}^{(n)}$ 按首次到达时间 $T_j = m (m = 1, 2, \cdots, n)$ 所有可能值进行分解，建立了 $f_{ij}^{(m)}$ 与 $p_{ij}^{(n)}$ 之间的关系式.

推论 3.2 设状态 j 是非常返的，则对任意 $i \in S$，有 $\sum_{n=1}^{\infty} p_{ij}^{(n)} < \infty$, $\lim_{n\to\infty} p_{ij}^{(n)} = 0$.

证明 当 $i = j$ 时，由于 j 非常返，由定理 3.5 知 $\sum_{n=0}^{\infty} p_{jj}^{(n)} < \infty$，所以 $\lim_{n\to\infty} p_{jj}^{(n)} = 0$.

当 $i \neq j$ 时，由定理 3.7 的分解定理 $p_{ij}^{(n)} = \sum_{m=1}^{n} f_{ij}^{(m)} p_{jj}^{(n-m)}$，两边对 n 求和得

$$
\sum_{n=1}^{N} p_{ij}^{(n)} = \sum_{n=1}^{N} \sum_{m=1}^{n} f_{ij}^{(m)} p_{jj}^{(n-m)} = \sum_{m=1}^{N} f_{ij}^{(m)} \sum_{n=m}^{N} p_{jj}^{(n-m)} = \sum_{m=1}^{N} f_{ij}^{(m)} \sum_{k=0}^{N-m} p_{jj}^{(k)} \leqslant \sum_{m=1}^{N} f_{ij}^{(m)} \sum_{k=0}^{N} p_{jj}^{(k)}.
$$

令 $N \to \infty$，则 $\sum_{n=1}^{\infty} p_{ij}^{(n)} \leqslant \sum_{m=1}^{\infty} f_{ij}^{(m)} (1 + \sum_{k=1}^{\infty} p_{jj}^{(k)}) = f_{ij} (1 + \sum_{k=1}^{\infty} p_{jj}^{(k)}) \leqslant 1 + \sum_{k=1}^{\infty} p_{jj}^{(k)} < \infty$.

所以 $\lim_{n\to\infty} p_{ij}^{(n)} = 0$.

则对任意 $i \in S$，有 $\sum_{n=1}^{\infty} p_{ij}^{(n)} < \infty$, $\lim_{n\to\infty} p_{ij}^{(n)} = 0$.

定义 3.8 称 $u_{ij} = E[T_j \mid X_0 = i]$ 为马尔可夫链从状态 i 出发首次到达状态 j 的平均转移步数，u_{ii} 为从状态 i 出发首次返回状态 i 的平均返回时间. 由条件期望的定义得

$$u_{ij}=E[T_j \mid X_0=i]=\sum_{n=1}^{\infty}n\cdot P\{T_j=n \mid X_0=i\}=\sum_{n=1}^{\infty}n\cdot f_{ij}^{(n)}.$$

设状态 i 常返 ($f_{ii}=1$).若 $u_{ii}<\infty$, 则称 i 正常返的;若 $u_{ii}=\infty$, 则称 i 零常返的.

定义 3.9 若 $\{n \mid n\geqslant 1,\ p_{ii}^{(n)}>0\}\neq\varnothing$, 称其最大公约数为状态 i 的周期,记为 d_i, 即 $d_i=GCD\{n \mid n\geqslant 1,\ p_{ii}^{(n)}>0\}$, 其中 GCD 表示最大公约数.

若 $d_i>1$, 称状态 i 为有周期的,且周期为 d_i;若 $d_i=1$, 称状态 i 为非周期的;称非周期的正常返状态为遍历状态.

定理 3.8 设 i 常返且有周期 d_i,则存在极限

$$\lim_{n\to\infty}p_{ii}^{(nd_i)}=\frac{d_i}{u_{ii}}.$$

规定当 $u_{ii}=\infty$ 时, $\frac{1}{u_{ii}}=0$(证明略).

推论 3.3 设 i 是常返状态,则

(1) i 是零常返的充要条件是 $\lim\limits_{n\to\infty}p_{ii}^{(n)}=0$;

(2) i 是遍历状态的充要条件是 $\lim\limits_{n\to\infty}p_{ii}^{(n)}=\frac{1}{u_{ii}}>0$.

证明 (1) 设 i 零常返的,由定理 3.8 知, $\lim\limits_{n\to\infty}p_{ii}^{(nd_i)}=0(u_i=\infty)$;而且当 $d_i\nmid n$ 时, $p_{ii}^{(n)}=0$,所以 $\lim\limits_{n\to\infty}p_{ii}^{(n)}=0$.反之,若 $\lim\limits_{n\to\infty}p_{ii}^{(n)}=0$, 则 i 是零常返的,假设 i 是正常返的,则由定理 3.8 知, $\lim\limits_{n\to\infty}p_{ii}^{(nd_i)}>0$, 这与 $\lim\limits_{n\to\infty}p_{ii}^{(n)}=0$ 矛盾.

(2) 设 i 是遍历状态,则 $d_i=1$,所以 $\lim\limits_{n\to\infty}p_{ii}^{(n)}=\lim\limits_{n\to\infty}p_{ii}^{(nd_i)}=\frac{1}{u_{ii}}>0$; 反之,设 $\lim\limits_{n\to\infty}p_{ii}^{(n)}=\frac{1}{u_{ii}}>0$, 则由(1)知 i 是正常返的,且由极限的保号性知,存在 $N\geqslant 1$. 当 $n>N$ 时, $p_{ii}^{(n)}>0$, $p_{ii}^{(n+1)}>0$, 因此 i 非周期,从而 i 是遍历状态.

推论 3.4 设 j 是零常返的,则对任意 $i\in S$, $\lim\limits_{n\to\infty}p_{ij}^{(n)}=0$.

证明
$$p_{ij}^{(n)}=\sum_{m=1}^{n}f_{ij}^{(m)}p_{jj}^{(n-m)}=\sum_{m=1}^{N}f_{ij}^{(m)}p_{jj}^{(n-m)}+\sum_{m=N+1}^{n}f_{ij}^{(m)}p_{jj}^{(n-m)}\leqslant \sum_{m=1}^{N}f_{ij}^{(m)}p_{jj}^{(n-m)}+\sum_{m=N+1}^{n}f_{ij}^{(m)}.$$

固定 N,令 $n\to\infty$,

$$\lim_{n\to\infty}\sum_{m=1}^{N}f_{ij}^{(m)}p_{jj}^{(n-m)}=\sum_{m=1}^{N}f_{ij}^{(m)}\lim_{n\to\infty}p_{jj}^{(n-m)}=0(\text{推论 3.3}).$$

由于

$$f_{ij}=\sum_{m=1}^{\infty}f_{ij}^{(m)}\leqslant 1,$$

所以当 $N\to\infty$ 时，其尾部 $\sum_{m=N+1}^{\infty}f_{ij}^{(m)}\to 0$，
因此

$$\lim_{n\to\infty}p_{ij}^{(n)}=0.$$

推论 3.5 不可约有限状态的马尔可夫链必为正常返的.

证明 设有限状态空间 $S=\{1, 2, \cdots, N\}$，则由推论 3.2 和 3.4 知对任意 $j\in S$，若 j 是非常返或零常返，则 $1=\sum_{j=1}^{N}p_{ij}^{(n)}\to 0(n\to\infty)$ (矛盾).

由以上讨论可用 $\lim_{n\to\infty}p_{ii}^{(n)}$ 来判断状态的常返性.

(1) 状态 i 非常返的 $\Leftrightarrow \sum_{n=0}^{\infty}p_{ii}^{(n)}<\infty$，$\lim_{n\to\infty}p_{ii}^{(n)}=0$；

(2) 状态 i 零常返的 $\Leftrightarrow \sum_{n=0}^{\infty}p_{ii}^{(n)}=\infty$，$\lim_{n\to\infty}p_{ii}^{(n)}=0$；

(3) 状态 i 正常返的 $\Leftrightarrow \sum_{n=0}^{\infty}p_{ii}^{(n)}=\infty$，$\lim_{n\to\infty}p_{ii}^{(n)}>0$.

互通的两个状态具有相同的状态类型，即有下面结论.

定理 3.9 设 $i\leftrightarrow j$，则 i，j 同为正常返、零常返或非常返，且周期相同.

证明 由于 $i\leftrightarrow j$，故由定义存在正整数 $k\geqslant 1$，$m\geqslant 1$，使得 $p_{ij}^{(k)}=\alpha>0$；$p_{ji}^{(m)}=\beta>0$. 由 C－K 方程，对任意 $r\geqslant 1$，总有

$$p_{ii}^{(k+r+m)}\geqslant p_{ij}^{(k)}p_{jj}^{(r)}p_{ji}^{(m)}=\alpha\beta p_{jj}^{(r)}, \tag{3.1}$$

$$p_{jj}^{(k+r+m)}\geqslant p_{ji}^{(k)}p_{ii}^{(r)}p_{ij}^{(m)}=\alpha\beta p_{ii}^{(r)}, \tag{3.2}$$

两边同时求和，得

$$\sum_{r=1}^{\infty}p_{ii}^{(k+r+m)}\geqslant\alpha\beta\sum_{r=1}^{\infty}p_{jj}^{(r)},$$

$$\sum_{r=1}^{\infty}p_{jj}^{(k+r+m)}\geqslant\alpha\beta\sum_{r=1}^{\infty}p_{ii}^{(r)},$$

因此 $\sum_{n=1}^{\infty}p_{ii}^{(n)}$，$\sum_{n=1}^{\infty}p_{jj}^{(n)}$ 相互控制，即它们同为无穷或同为有限. 由定理 3.5 知 i，j 同为常返或同为非常返.

在式(3.1)、(3.2)两边同时令 $r\to\infty$，得

$$\lim_{n\to\infty}p_{ii}^{(k+r+m)}\geqslant\alpha\beta\lim_{n\to\infty}p_{jj}^{(r)},$$

$$\lim_{n\to\infty} p_{jj}^{(k+r+m)} \geqslant \alpha\beta \lim_{n\to\infty} p_{ii}^{(r)}.$$

$\lim_{n\to\infty} p_{ii}^{(n)}$ 与 $\lim_{n\to\infty} p_{jj}^{(n)}$ 同为零或同为正，由推论 3.3 知，i，j 同为零常返或正常返.

设 i 的周期为 d，j 的周期为 t，由 $p_{ij}^{(k)}=\alpha>0$，$p_{ji}^{(m)}=\beta>0$，及(3.1)式则对任意使 $p_{jj}^{(r)}>0$ 的 r，都有

$$p_{ii}^{(k+r+m)} \geqslant \alpha\beta p_{jj}^{(r)} > 0,$$

从而 d 能整除 $k+r+m$，但

$$p_{ii}^{(k+m)} \geqslant p_{ij}^{(k)} p_{ji}^{(m)} = \alpha\beta > 0,$$

所以 d 也能整除 $k+m$，因此 d 能整除 $r(p_{jj}^{(r)}>0)$，表明 $d \leqslant t$. 利用(3.2)式，类似可以得到 $d \geqslant t$，因此 $d=t$.

例 3.9　已知马尔可夫链 $\{X_n,\ n\geqslant 1\}$ 的状态空间 $S=\{1,\ 2,\ 3,\ 4\}$，转移矩阵

$$\boldsymbol{P}=\begin{pmatrix} \frac{1}{4} & \frac{1}{4} & \frac{1}{4} & \frac{1}{4} \\ 0 & 0 & 1 & 0 \\ 0 & 0 & 0 & 1 \\ 1 & 0 & 0 & 0 \end{pmatrix}.$$

考虑状态的常返性和周期性.

解　由一步转移概率，画出各状态间的传递图，如图 3 - 1 所示.

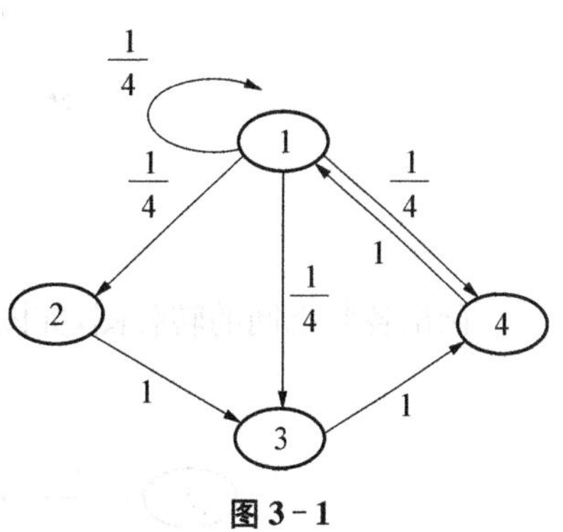

图 3 - 1

从图 3 - 1 可知，此链中的每一个状态都可达另一个状态，即四个状态是相通的，由定理 3.9 可知，它们具有相同的状态类型，且是不可约的.

考虑状态 1 是否常返，需要计算 f_{11}.

$$f_{11}^{(1)}=\frac{1}{4},$$

$$\begin{aligned} f_{11}^{(2)} &= P\{X_2=1,\ X_1\neq 1 \mid X_0=1\} \\ &= P\{X_2=1,\ X_1=2 \mid X_0=1\}+P\{X_2=1,\ X_1=3 \mid X_0=1\}+ \\ &\quad P\{X_2=1,\ X_1=4 \mid X_0=1\} \\ &= P\{X_2=1,\ X_1=4 \mid X_0=1\} \\ &= P\{X_1=4 \mid X_0=1\}\cdot P\{X_2=1 \mid X_0=1,\ X_1=4\} \\ &= \frac{1}{4}\times 1=\frac{1}{4}. \end{aligned}$$

类似的，$f_{11}^{(3)}=\frac{1}{4}$，$f_{11}^{(4)}=\frac{1}{4}$，$f_{11}^{(5)}=0$，$f_{11}^{(6)}=0$，…

因此 $f_{11}=\sum_{n=1}^{\infty} f_{11}^{(n)}=\frac{1}{4}+\frac{1}{4}+\frac{1}{4}+\frac{1}{4}=1$，所以状态 1 是常返的.

又因为

$$\mu_{11}=\sum_{n=1}^{\infty} n\cdot f_{11}^{(n)}=\frac{1}{4}+2\times\frac{1}{4}+3\times\frac{1}{4}+4\times\frac{1}{4}=\frac{5}{2}<\infty,$$

所以状态 1 是正常返的，下面考虑周期性.

因为 $p_{11}^{(1)}=\frac{1}{4}>0$，所以状态 1 是非周期的.由此可知，此链中的所有状态都是非周期正常返的，即为遍历的.

定义 3.10 设 C 是状态空间 S 的一个子集，若对任意 $i\in C$，任意 $j\notin C$，有 $p_{ij}^{(n)}=0(n\geqslant 0)$，则称 C 为闭集.

若 C 为闭集，则从 C 内的任意状态出发，始终不能到达 C 以外的任意状态.即从 C 的内部不能到达 C 的外部，意味着质点一旦进入闭集 C 中，它将永远停留在 C 中运动.显然，整个状态空间构成一个闭集.若一个闭集中只有一个状态 i，即 $p_{ii}=1$，称状态 i 为吸收态，显然吸收态构成最小的闭集.若 C 中所有的状态都互通的，称 C 为不可约的闭集.

例 3.10 设马尔可夫链 $\{X_n, n\geqslant 1\}$ 的状态空间 $S=\{1, 2, 3, 4, 5\}$，转移矩阵

$$\boldsymbol{P}=\begin{pmatrix} 1/2 & 0 & 0 & 1/2 & 0 \\ 1/2 & 0 & 1/2 & 0 & 0 \\ 0 & 0 & 1 & 0 & 0 \\ 1 & 0 & 0 & 0 & 0 \\ 0 & 1 & 0 & 0 & 0 \end{pmatrix},$$

画出各状态间的转移图，如图 3-2 所示.

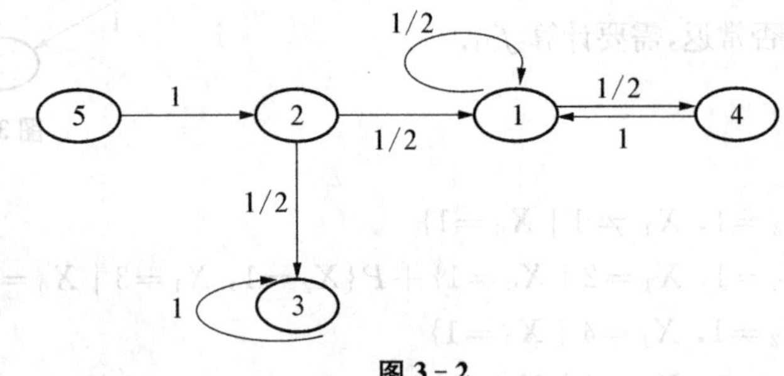

图 3-2

由图 3-2 可知，3 是吸收态，因此$\{3\}$是闭集.$\{1, 4\}$、$\{1, 3, 4\}$、$\{1, 2, 3, 4\}$都是闭集，其中$\{3\}$和$\{1, 4\}$是不可约的闭集.

定理 3.10 所有的常返态构成一个闭集.

证明 假设 i 为常返的，若 $i\to j$，则 $j\to i$，即 $i\leftrightarrow j$.假设 $j\not\to i$，则从 i 出发到达 j 后，就不能再返回 i，这与 i 是常返的 $(f_{ii}=1)$ 矛盾.由定理 3.9 知，j 也是常返的.由此可以得到，从

常返状态出发只能到达常返状态，不能到达非常返状态.因此所有的常返态构成一个闭集.

因为互通关系具有自反性、对称性和传递性，因而它决定了一个分类关系，并且每一类中的状态具有相同的状态类型.按照互通关系可以得到状态空间的分解定理.

定理 3.11(状态空间的分解) 任一马尔可夫链的状态空间 S 可唯一的分解成有限个或可列无穷多个互不相交的状态子集 D, C_1, C_2, …之和，即

$$S = D \cup C_1 \cup C_2 \cup \cdots$$

其中，D 是由所有非常返状态构成的集合，每一个 $C_n(n\geqslant 1)$ 是由常返状态构成的不可约闭集，且 $C_n(n\geqslant 1)$ 中的状态同类，即或全是正常返，或全是零常返的，且有相同的周期.

证明 记 C 是由全体常返状态构成的集合，$D=S-C$ 为非常返状态的全体，然后将 C 按互通关系进行分解，从 C 中任取一个状态 i_1，凡是与 i_1 相通的状态构成一个集合 C_1，然后再从余下的状态中任取一个状态 i_2，凡是与 i_2 相通的状态构成一个集合 C_2，如此进行下去就可以将 C 分解成 C_1, C_2, …集合之和.由此分解过程可以得到 $C_n(n\geqslant 1)$ 中的状态同类，即或全是正常返，或全是零常返，且有相同的周期，而且每一个 $C_n(n\geqslant 1)$ 是由常返状态构成的不可约闭集.

注意：非常返状态构成的集合 D 不一定是闭集，因此，若一个质点在从某个非常返的状态出发，它可能一直在 D 中运动也可能在某个时刻离开 D 而转移到某个常返闭集 C_n 中，一旦进入 C_n 后，它将永远在 C_n 中运动.

例 3.11 设马尔可夫链 $\{X_n, n\geqslant 1\}$ 的状态空间 $S=\{1, 2, \cdots, 6\}$，转移矩阵为

$$\boldsymbol{P}=\begin{pmatrix} 0 & 0 & 1 & 0 & 0 & 0 \\ 0 & 0 & 0 & 0 & 0 & 1 \\ 0 & 0 & 0 & 0 & 1 & 0 \\ 1/3 & 1/3 & 0 & 1/3 & 0 & 0 \\ 1 & 0 & 0 & 0 & 0 & 0 \\ 0 & 1/2 & 0 & 0 & 0 & 1/2 \end{pmatrix}.$$

试分解此链并判断各状态的常返性及周期性.

解 由状态转移图 3-3 所示.

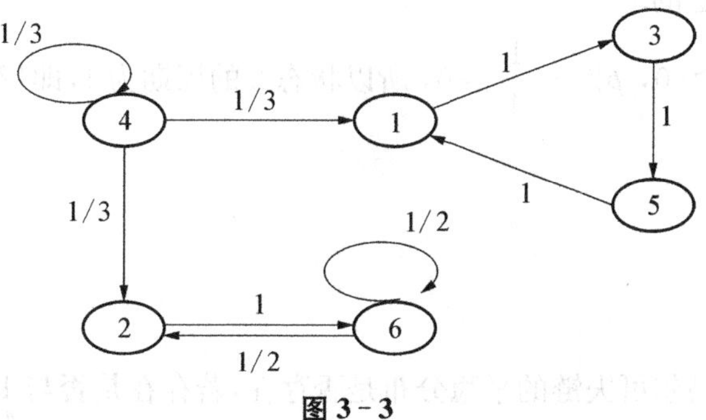

图 3-3

状态 1，3，5 是互通的，构成一个闭集；状态 2，6 互通也构成一个闭集.此马尔可夫链可分解成

$$S=\{1, 2, \cdots, 6\}=\{1, 3, 5\} \cup \{2, 6\} \cup \{4\}.$$

显然，状态 4 不是吸收态，因此不构成一个闭集，并且一旦到达其他状态再也不能返回，所以状态 4 是非常返的.

下面考虑状态 1：

$$f_{11}^{(1)}=0, f_{11}^{(2)}=0, f_{11}^{(3)}=1, f_{11}^{(4)}=0, \cdots, f_{11}^{(n)}=0, \cdots$$

且

$$p_{11}^{(n)}=\begin{cases}1, & n=3m, \\ 0, & n \neq 3m.\end{cases}$$

因此 $f_{11}=\sum_{n=1}^{\infty} f_{11}^{(n)}=f_{11}^{(3)}=1$，所以状态 1 是常返的.

且 $\mu_{11}=\sum_{n=1}^{\infty} n \cdot f_{11}^{(n)}=3 \times f_{11}^{(3)}=3 \times 1=3<\infty$.

所以状态 1 是正常返的，因此{1, 3, 5}是正常返的闭集，且周期为 3.

下面考虑状态 2：

$$f_{22}^{(1)}=0, f_{22}^{(2)}=\frac{1}{2}, f_{22}^{(3)}=\frac{1}{2} \times \frac{1}{2} \times 1=\frac{1}{4}, \cdots, f_{22}^{(n)}=\left(\frac{1}{2}\right)^{n-1} \times 1=\left(\frac{1}{2}\right)^{n-1}, \cdots$$

因此

$$f_{22}=\sum_{n=1}^{\infty} f_{22}^{(n)}=\frac{1}{2}+\frac{1}{4}+\cdots+\left(\frac{1}{2}\right)^{n-1}+\cdots=1,$$

$$\mu_{22}=\sum_{n=1}^{\infty} n \cdot f_{22}^{(n)}=2 \times \frac{1}{2}+3 \times \frac{1}{4}+\cdots+n \times\left(\frac{1}{2}\right)^{n-1}+\cdots=\sum_{n=2}^{\infty} n \cdot\left(\frac{1}{2}\right)^{n-1}=3<\infty,$$

所以状态 2 是正常返的.

因为 $p_{22}^{(2)}=\frac{1}{2}>0$, $p_{22}^{(3)}=\frac{1}{4}>0$，所以状态 2 的周期为 1，即{2, 6}是非周期的正常返闭集.

3.3 平稳分布

本节主要讨论马尔可夫链的平稳分布是否存在，若存在是否与 $\lim_{n \rightarrow \infty} p_{ij}^{(n)}$ 有关.

定义 3.11(平稳分布) 设马尔可夫链$\{X_n, n\geqslant 1\}$的状态空间为 S,若存在 $\pi_j\geqslant 0$, $j\in S$ 满足:

① $\pi_j=\sum\limits_{i\in S}\pi_i p_{ij}$;

② $\sum\limits_{j\in S}\pi_j=1$.

则称 $\{\pi_j, j\in S\}$ 为马尔可夫链 $\{X_n, n\geqslant 1\}$ 的平稳分布.

设由平稳分布 $\{\pi_j, j\in S\}$ 构成的行矩阵为 $\boldsymbol{\pi}$,由①知:

$$\boldsymbol{\pi}=\boldsymbol{\pi P}=\cdots=\boldsymbol{\pi P}^n, \text{即 } \pi_j=\sum_{i\in S}\pi_i p_{ij}^{(n)}.$$

定理 3.12 若初始分布是平稳分布,则绝对分布也是平稳分布.

证明 设初始分布 $\{q_j, j\in S\}$ 为平稳分布,即满足 $q_j=\sum\limits_{i\in S}q_i p_{ij}$,设由$\{q_j, j\in S\}$ 构成的行矩阵为 $\boldsymbol{Q}$,则 $\boldsymbol{Q}=\boldsymbol{QP}$,依次类推得 $\boldsymbol{Q}=\boldsymbol{QP}=\cdots=\boldsymbol{QP}^n=\boldsymbol{QP}^{(n)}$,设绝对分布 $\{q_i(n), i\in S\}$ 构成行矩阵为 $\boldsymbol{Q}(n)$,则由定理 3.1 知 $\boldsymbol{Q}(n)=\boldsymbol{QP}^{(n)}$,因此 $\boldsymbol{Q}=\boldsymbol{QP}^{(n)}=\boldsymbol{Q}(n)$,即绝对分布与初始分布相等,所以绝对分布也是平稳分布,表明马尔可夫链在任意时刻处在状态 i 的概率相等.

下面给出判断马尔可夫链是否存在平稳分布的定理.

定理 3.13 设 $\{X_n, n\geqslant 1\}$ 是不可约、非周期、正常返的马尔可夫链,则对任意 i, $j\in S$,则有$\lim\limits_{n\to\infty}p_{ij}^{(n)}=\dfrac{1}{u_{jj}}$.

证明 由定理 3.7 的分解定理 $p_{ij}^{(n)}=\sum\limits_{m=1}^{n}f_{ij}^{(m)}p_{jj}^{(n-m)}$,对任意 $1\leqslant N<n$,有

$$\sum_{m=1}^{N}f_{ij}^{(m)}p_{jj}^{(n-m)}\leqslant p_{ij}^{(n)}\leqslant\sum_{m=1}^{N}f_{ij}^{(m)}p_{jj}^{(n-m)}+\sum_{m=N+1}^{\infty}f_{ij}^{(m)}.$$

先固定 N,然后令 $n\to\infty$,由定理 3.8 得

$$\frac{1}{u_{jj}}\sum_{m=1}^{N}f_{ij}^{(m)}\leqslant\lim_{n\to\infty}p_{ij}^{(n)}\leqslant\frac{1}{u_{jj}}\sum_{m=1}^{N}f_{ij}^{(m)}+\sum_{m=N+1}^{\infty}f_{ij}^{(m)}.$$

由于 $i\leftrightarrow j$ 且 i, j 常返,则 $f_{ij}=\sum\limits_{m=1}^{\infty}f_{ij}^{(m)}=1$(假设 $f_{ij}<1$,表明从 i 出发不能以概率 1 返回到 j,而从 j 可以到达 i,因此导致由 j 出发不能以概率 1 返回到 i,与 i 常返矛盾).

再令 $N\to\infty$,则

$$\frac{1}{u_{jj}}\sum_{m=1}^{\infty}f_{ij}^{(m)}\leqslant\lim_{n\to\infty}p_{ij}^{(n)}\leqslant\frac{1}{u_{jj}}\sum_{m=1}^{\infty}f_{ij}^{(m)},$$

即

$$\lim_{n\to\infty} p_{ij}^{(n)} = \frac{1}{u_{jj}}.$$

定理 3.14 不可约、非周期、正常返的马尔可夫链一定存在平稳分布，且平稳分布就是极限分布 $\left\{\frac{1}{\mu_{jj}},\ j\in S\right\}$，即 $\pi_j = \lim\limits_{n\to\infty} p_{ij}^{(n)} = \frac{1}{u_{jj}}$.

证明 设马尔可夫链是非周期正常返的，则由定理 3.13 知，$\lim\limits_{n\to\infty} p_{ij}^{(n)} = \frac{1}{u_{jj}}$，由 C－K 方程，对任意正整数 N，有 $p_{ij}^{(m+n)} = \sum\limits_{k\in S} p_{ik}^{(m)} p_{kj}^{(n)} \geqslant \sum\limits_{k=0}^{N} p_{ik}^{(m)} p_{kj}^{(n)}$，

令 $m\to\infty$ 两边取期限得

$$\frac{1}{u_{jj}} \geqslant \sum_{k=0}^{N} \frac{1}{u_{kk}} p_{kj}^{(n)}.$$

再令 $N\to\infty$，得

$$\frac{1}{u_{jj}} \geqslant \sum_{k=0}^{\infty} \frac{1}{u_{kk}} p_{kj}^{(n)} = \sum_{k\in S} \frac{1}{u_{kk}} p_{kj}^{(n)} \quad (*).$$

由

$$1 = \sum_{k\in S} p_{ik}^{(n)} \geqslant \sum_{k=0}^{N} p_{ik}^{(n)},$$

先令 $n\to\infty$，再令 $N\to\infty$，得 $1 \geqslant \sum\limits_{k\in S} \frac{1}{u_{kk}}$.

将(*)式对 j 求和，并假定对某个 j，(*)式为严格大于

$$1 \geqslant \sum_{j\in S} \frac{1}{u_{jj}} > \sum_{j\in S}\left(\sum_{k\in S} \frac{1}{u_{kk}} p_{kj}^{(n)}\right) = \sum_{k\in S}\left(\sum_{j\in S} \frac{1}{u_{kk}} p_{kj}^{(n)}\right) = \sum_{k\in S} \frac{1}{u_{kk}},$$

因此得到 $\sum\limits_{j\in S} \frac{1}{u_{jj}} > \sum\limits_{k\in S} \frac{1}{u_{kk}}$（矛盾）所以对任意 $j\in S$，有

$$\frac{1}{u_{jj}} = \sum_{k\in S} \frac{1}{u_{kk}} p_{kj}^{(n)}.$$

再令 $n\to\infty$，得

$$\frac{1}{u_{jj}} = \sum_{k\in S} \frac{1}{u_{kk}} \left(\lim_{n\to\infty} p_{kj}^{(n)}\right) = \frac{1}{u_{jj}} \sum_{k\in S} \frac{1}{u_{kk}},$$

所以

$$\sum_{k\in S}\frac{1}{u_{kk}}=1.$$

推论 3.6 有限状态的不可约非周期的马尔可夫链必存在平稳分布.

证明 由推论 3.5 知,有限状态的不可约马尔可夫链必为正常返的,再由定理 3.14 知必存在平稳分布.

例 3.12 设马尔可夫链 $\{X_n, n\geqslant 1\}$ 的状态空间 $S=\{1, 2, 3\}$,转移矩阵为

$$\boldsymbol{P}=\begin{pmatrix}0.5 & 0.4 & 0.1\\ 0.3 & 0.4 & 0.3\\ 0.2 & 0.3 & 0.5\end{pmatrix},$$

求其平稳分布.

解 由一步转移矩阵知,此马尔可夫链为不可约、非周期的,由推论 3.6,必存在平稳分布,设平稳分布为 $\boldsymbol{\pi}=(\pi_1, \pi_2, \pi_3)$,求解方程组①

$$\boldsymbol{\pi}=\boldsymbol{\pi}\boldsymbol{P},\ \pi_1+\pi_2+\pi_3=1,$$

即

$$\begin{cases}\pi_1=0.5\pi_1+0.3\pi_2+0.2\pi_3,\\ \pi_2=0.4\pi_1+0.4\pi_2+0.3\pi_3,\\ \pi_3=0.1\pi_1+0.3\pi_2+0.5\pi_3,\\ \pi_1+\pi_2+\pi_3=1.\end{cases}$$

$$\pi_1=\frac{21}{62},\ \pi_2=\frac{23}{62},\ \pi_3=\frac{18}{62}.$$

各状态的平均返回时间分别为

$$\mu_{11}=\frac{1}{\pi_1}=\frac{62}{21},\ \mu_{22}=\frac{1}{\pi_2}=\frac{62}{23},\ \mu_{33}=\frac{1}{\pi_3}=\frac{62}{18}.$$

例 3.13 市场占有率的预测.

设某地有 1 600 户居民,某种商品由甲、乙、丙三个厂家在该地生产销售.经调查 8 月份买甲、乙、丙三厂的户数分别为 480、320、800.到 9 月份,原买甲的有 48 户转买乙产品,有 96 户转买丙产品;原买乙的有 32 户转买甲产品,有 64 户转买丙产品;原买丙的有 64 户转买甲产品,有 32 户转买乙产品.用状态 1、2、3 分别表示甲、乙、丙三厂,求:

---

① 求解方程组可见附录 1.

(1) 转移概率矩阵;

(2) 9 月份市场占有率;

(3) 12 月份市场占有率;

(4) 当顾客流长期稳定下去市场占有率.

解 (1) 由题意得频数转移矩阵为

$$\boldsymbol{N}=\begin{pmatrix} 336 & 48 & 96 \\ 32 & 224 & 64 \\ 64 & 32 & 704 \end{pmatrix},$$

用频数估计概率得转移矩阵为

$$\boldsymbol{P}=\begin{pmatrix} 0.7 & 0.1 & 0.2 \\ 0.1 & 0.7 & 0.2 \\ 0.08 & 0.04 & 0.88 \end{pmatrix},$$

初始分布,即初始的市场占有率为

$$Q=(q_1,\ q_2,\ q_3)=(0.3,\ 0.2,\ 0.5).$$

其中 $q_1=0.3=\dfrac{480}{1\,600}$; $q_2=0.2=\dfrac{320}{1\,600}$; $q_3=0.5=\dfrac{8\,000}{1\,600}$.

(2) 9 月份市场占有率为

$$Q(1)=(q_1(1),\ q_2(1),\ q_3(1))=QP=(0.3,\ 0.2,\ 0.5)\begin{pmatrix} 0.7 & 0.1 & 0.2 \\ 0.1 & 0.7 & 0.2 \\ 0.08 & 0.04 & 0.88 \end{pmatrix}$$

$$=(0.27,\ 0.19,\ 0.54).$$

(3) 12 月份市场占有率为

$$Q(4)=(q_1(4),\ q_2(4),\ q_3(4))=QP^4=(0.3,\ 0.2,\ 0.5)\begin{pmatrix} 0.7 & 0.1 & 0.2 \\ 0.1 & 0.7 & 0.2 \\ 0.08 & 0.04 & 0.88 \end{pmatrix}^4$$

$$=(0.231\,9,\ 0.169\,8,\ 0.598\,3).$$①

(4) 由一步转移矩阵知,此马尔可夫链为不可约、非周期的,由推论 3.6,必存在平稳分布,设平稳分布为 $\boldsymbol{\pi}=(\pi_1,\ \pi_2,\ \pi_3)$,求解方程组:②

$$\boldsymbol{\pi}=\boldsymbol{\pi P},\ \pi_1+\pi_2+\pi_3=1,$$

即

① 计算矩阵相乘可参加附录 2.

② 求解方程组可参见附录 3.

$$\begin{cases}\pi_1 = 0.7\pi_1 + 0.1\pi_2 + 0.08\pi_3, \\ \pi_2 = 0.1\pi_1 + 0.7\pi_2 + 0.04\pi_3, \\ \pi_3 = 0.2\pi_1 + 0.2\pi_2 + 0.88\pi_3, \\ \pi_1 + \pi_2 + \pi_3 = 1.\end{cases}$$

$$\pi_1 = 0.219,\ \pi_2 = 0.156,\ \pi_3 = 0.625^3.$$

即当顾客流长期稳定下去甲、乙、丙三厂的市场占有率分别为 0.219、0.156、0.625.

例 3.14 某企业为了今后的发展，需要预测未来的人员结构.目前高层、中层、基层、退休的人员分别是 20 人、150 人、500 人、0 人.根据历史资料，各类人员的转移概率矩阵如下：

$$\boldsymbol{P} = \begin{pmatrix} 0.8 & 0.15 & 0 & 0.05 \\ 0.05 & 0.75 & 0.1 & 0.1 \\ 0 & 0 & 0.8 & 0.2 \\ 0 & 0 & 0 & 1 \end{pmatrix}.$$

分析该企业三年后的人员结构，以及保持人员的稳定，三年内各类人员的变迁情况.

解 设高层、中层、基层、退休为 4 个状态，初始分布为

$$\boldsymbol{Q} = \left(\frac{20}{670}, \frac{150}{670}, \frac{500}{670}, 0\right).$$

一年后各状态的概率分布为

$$\boldsymbol{Q}(1) = \boldsymbol{QP} = \left(\frac{20}{670}, \frac{150}{670}, \frac{500}{670}, 0\right)\begin{pmatrix} 0.8 & 0.15 & 0 & 0.05 \\ 0.05 & 0.75 & 0.1 & 0.1 \\ 0 & 0 & 0.8 & 0.2 \\ 0 & 0 & 0 & 1 \end{pmatrix}$$

$$= \left(\frac{23.5}{670}, \frac{115.5}{670}, \frac{415}{670}, \frac{116}{670}\right).$$

即一年后有高层 23 人、中层 116 人、基层 415 人、退休 116 人，为保持人员稳定，第一年需要招聘基层人员 116 人，此时基层人员总数为 415+116=531 人.此时各状态的概率分布为

$$\boldsymbol{Q}' = \left(\frac{23}{670}, \frac{116}{670}, \frac{531}{670}, 0\right).$$

两年后各状态的概率分布为

$$Q(2)=Q'P=\left(\frac{23}{670},\frac{116}{670},\frac{531}{670},0\right)\begin{pmatrix}0.8&0.15&0&0.05\\0.05&0.75&0.1&0.1\\0&0&0.8&0.2\\0&0&0&1\end{pmatrix}$$

$$=\left(\frac{24}{670},\frac{91}{670},\frac{436}{670},\frac{119}{670}\right),$$

即第二年退休人员为 119 人，为保持人员稳定，需要招聘基层员工 119 人，此时基层员工为 436＋119＝555 人.

由此计算近两年内企业需要招聘基层员工 116＋119＝235 人，两年后企业的结构为高层 24 人、中层 91 人、基层 555 人.

3.4 马尔可夫链在股票市场中的应用

运用马尔可夫链可以预测股票市场的长期走势.假设选取某种股票指数在某段时间内的周数据作为观测值，然后根据指数变化分成 6 个状态：

状态 0：2 700 点以下；状态 1：2 700～2 900 点；状态 2：2 900～3 100 点；状态 3：3 100～3 300 点；状态 4：3 300～3 500 点；状态 5：3 500 点以上.

统计从一个状态经过一步之后转移到另一个状态的次数，得到：

$$\begin{array}{llllll}0\to 0(50) & 1(8) & 2(0) & 3(0) & 4(0) & 5(0),\\ 1\to 0(7) & 1(51) & 2(4) & 3(0) & 4(0) & 5(0),\\ 2\to 0(0) & 1(3) & 2(17) & 3(6) & 4(0) & 5(0),\\ 3\to 0(0) & 1(0) & 2(6) & 3(10) & 4(2) & 5(0),\\ 4\to 0(0) & 1(0) & 2(0) & 3(2) & 4(33) & 5(3),\\ 5\to 0(7) & 1(0) & 2(0) & 3(0) & 4(4) & 5(32),\end{array}$$

即频数转移矩阵

$$N=\begin{pmatrix}50&8&0&0&0&0\\7&51&4&0&0&0\\0&3&17&6&0&0\\0&0&6&10&2&0\\0&0&0&2&33&3\\7&0&0&0&4&32\end{pmatrix}.$$

用频数估计概率得转移矩阵为

$$\boldsymbol{P}=\begin{pmatrix} \frac{50}{58} & \frac{8}{58} & 0 & 0 & 0 & 0 \\ \frac{7}{62} & \frac{51}{62} & \frac{4}{62} & 0 & 0 & 0 \\ 0 & \frac{3}{26} & \frac{17}{26} & \frac{6}{26} & 0 & 0 \\ 0 & 0 & \frac{6}{18} & \frac{10}{18} & \frac{2}{18} & 0 \\ 0 & 0 & 0 & \frac{2}{38} & \frac{33}{38} & \frac{3}{38} \\ \frac{7}{43} & 0 & 0 & 0 & \frac{4}{43} & \frac{32}{43} \end{pmatrix}.$$

计算两步转移概率矩阵

$$\boldsymbol{P}^2=\begin{pmatrix} 0.7587 & 0.2324 & 0.0089 & 0 & 0 & 0 \\ 0.1902 & 0.6997 & 0.0953 & 0.0149 & 0 & 0 \\ 0.0130 & 0.1704 & 0.5119 & 0.2791 & 0.0256 & 0 \\ 0 & 0.0385 & 0.4031 & 0.3914 & 0.1582 & 0.0088 \\ 0.0129 & 0 & 0.0175 & 0.0749 & 0.7673 & 0.1273 \\ 0.2615 & 0.0225 & 0 & 0.0049 & 0.1500 & 0.5612 \end{pmatrix},$$

$$\boldsymbol{P}^3=\begin{pmatrix} 0.6803 & 0.2968 & 0.0208 & 0.0021 & 0 & 0 \\ 0.2430 & 0.6127 & 0.1124 & 0.0303 & 0.0017 & 0 \\ 0.0305 & 0.2010 & 0.4387 & 0.2745 & 0.0533 & 0.0020 \\ 0.0058 & 0.0782 & 0.3965 & 0.3188 & 0.1817 & 0.0190 \\ 0.0318 & 0.0038 & 0.0365 & 0.0861 & 0.6866 & 0.1553 \\ 0.3193 & 0.0545 & 0.0031 & 0.0106 & 0.1830 & 0.4294 \end{pmatrix},$$

$$\vdots$$

当转移步数趋于无穷大时，转移概率矩阵为

$$\lim_{n\to\infty}\boldsymbol{P}^n=\begin{pmatrix} 0.3085 & 0.3350 & 0.1463 & 0.0871 & 0.0941 & 0.0290 \\ 0.3085 & 0.3350 & 0.1463 & 0.0871 & 0.0941 & 0.0290 \\ 0.3085 & 0.3350 & 0.1463 & 0.0871 & 0.0941 & 0.0290 \\ 0.3085 & 0.3350 & 0.1463 & 0.0871 & 0.0941 & 0.0290 \\ 0.3085 & 0.3350 & 0.1463 & 0.0871 & 0.0941 & 0.0290 \\ 0.3085 & 0.3350 & 0.1463 & 0.0871 & 0.0941 & 0.0290 \end{pmatrix}.$$ ①

① 计算矩阵的相乘及矩阵极限可参加附录 4.

由转移概率可知,当转移步数充分大时,股指从任何一个状态出发都可能到达其他状态,即各状态之间是互通的,因此这个马尔可夫链也是遍历的,平稳分布存在.假设平稳分布为 $\boldsymbol{\pi}=(\pi_1, \pi_2, \cdots, \pi_6)$,求解方程组:

$$\boldsymbol{\pi}=\boldsymbol{\pi P},\ \pi_1+\pi_2+\cdots+\pi_6=1,$$

即

$$\begin{cases}\pi_1=\frac{50}{58}\pi_1+\frac{7}{62}\pi_2+\frac{7}{43}\pi_6,\\ \pi_2=\frac{8}{58}\pi_1+\frac{51}{62}\pi_2+\frac{3}{26}\pi_3,\\ \pi_3=\frac{4}{62}\pi_2+\frac{17}{26}\pi_3+\frac{6}{18}\pi_4,\\ \pi_4=\frac{6}{26}\pi_3+\frac{10}{18}\pi_4+\frac{2}{38}\pi_5,\\ \pi_5=\frac{2}{18}\pi_4+\frac{33}{38}\pi_5+\frac{4}{43}\pi_6,\\ \pi_6=\frac{3}{38}\pi_5+\frac{32}{43}\pi_6,\\ \pi_1+\pi_2+,\cdots,+\pi_6=1.\end{cases}$$

解得:

$$\pi_1=0.308\,5;\ \pi_2=0.335\,0;\ \pi_3=0.146\,3;$$
$$\pi_4=0.087\,1;\ \pi_5=0.094\,1;\ \pi_6=0.029\,0.$$

与通过计算转移概率极限所得的概率分布相同,反映了经过一段时间之后,市场上股票指数的概率分布情况.

习题

1.(订货问题) 设某场采用一种订货方式,每天下午检查商品的剩余量并设为 x,则当天的订购额 Q 为

$$Q=\begin{cases}0, & x\geqslant S,\\ S-x, & x<S.\end{cases}$$

设订货和进货不需要时间,每天商品的需求量 Y_n 服从独立同分布,且 $P\{Y_n=i\}=a_i$, $i=0, 1, 2, \cdots$. 如果令 X_n 代表第 n 天结束后商品的存货量,则当 $X_n\geqslant S$ 时,$X_{n+1}=X_n-Y_{n+1}$,当 $X_n<S$, $X_{n+1}=X_n+Q-Y_{n+1}=S-Y_{n+1}$,

即

$$X_{n+1}=\begin{cases}X_n-Y_{n+1}, & X_n\geqslant S,\\ S-Y_{n+1}, & X_n<S.\end{cases}$$

可以验证 $\{X_n,\ n\geqslant 1\}$ 是马尔可夫链，并写出转移概率.

2. 设1个袋子中有 m 只白球和 n 只红球，现从袋子中随机取出1只球，观察其颜色之后放回去，然后再放入与所取的球同颜色的球 a 只，设经过 n 次抽取之后，袋子中白球的个数为 X_n，则 $\{X_n,\ n\geqslant 0\}$ 为非齐次马尔可夫链并求其一步转移概率矩阵.

3.（广告效益推算）假定市场上主要有4种化妆品A、B、C、D，现在化妆品A改变了广告方式，经市场调查发现，半年之后：原先购买A化妆品的大约有95%仍然购买A，有2%购买B，有2%购买C，有1%购买D；原先购买B化妆品的大约有30%购买A，有60%购买B，有6%购买C，有4%购买D；原先购买C化妆品的大约有20%购买A，有10%购买B，有70%购买C，没人购买D；原先购买D化妆品的大约有20%购买A，有20%购买B，有10%购买C，有50%购买D，即4种化妆品每半年的平均转换率如下

$$\begin{array}{llll}\text{A}\rightarrow\text{A}(95\%) & \text{B}(2\%) & \text{C}(2\%) & \text{D}(1\%),\\ \text{B}\rightarrow\text{A}(30\%) & \text{B}(60\%) & \text{C}(6\%) & \text{D}(4\%),\\ \text{C}\rightarrow\text{A}(20\%) & \text{B}(10\%) & \text{C}(70\%) & \text{D}(0\%),\\ \text{D}\rightarrow\text{A}(20\%) & \text{B}(20\%) & \text{C}(10\%) & \text{D}(50\%).\end{array}$$

假设目前市场上购买A，B，C，D 4种化妆品的顾客分布为

$$(25\%,\ 30\%,\ 35\%,\ 10\%),$$

计算两年之后A、B、C、D 4种化妆品的市场占有情况，进一步判断广告方式对化妆品A是否有显著影响.

4. 设有A、B两种信号分多阶段传输，在每步传输过程中出错的概率为 α，即

$$P\{\text{收到 A}\mid\text{发送 B}\}=\alpha,\ P\{\text{收到 B}\mid\text{发送 A}\}=\alpha.$$

假设 X_n 是传输 n 步之后接收到的信号，并且假定初始时刻发送的信号为A，即 $X_0=\text{A}$，求：

（1）两步传输都不出错的概率；

（2）两步传输后收到正确信号的概率；

（3）六步之后传输不出错的概率.

5. 设马尔可夫链的转移矩阵为 $\boldsymbol{P}=\begin{pmatrix}\frac{1}{2} & \frac{1}{4} & \frac{1}{4}\\ 0 & \frac{3}{4} & \frac{1}{4}\\ 0 & 0 & 1\end{pmatrix}$.

（1）判断各状态的常返性及周期性；

(2) 求 $\lim\limits_{n\to\infty}\boldsymbol{P}^n$.

6. 现对空气质量进行分析,按空气质量好坏程度划分成下列 5 个状态:1 表示空气质量很差;2 表示空气质量较差;3 表示空气质量一般;4 表示空气质量较好;5 表示空气质量很好.根据以往的数据统计得转移矩阵为

$$\begin{pmatrix} 0.1 & 0.1 & 0.3 & 0.5 & 0 \\ 0.3 & 0.2 & 0.2 & 0.2 & 0.1 \\ 0.1 & 0.2 & 0.4 & 0.2 & 0.1 \\ 0 & 0.1 & 0.2 & 0.4 & 0.3 \\ 0 & 0.1 & 0.1 & 0.4 & 0.4 \end{pmatrix}.$$

求出现空气质量很差的平均时间.

第 4 章

连续时间的马尔可夫链

本章主要讨论时间连续、状态离散的马尔可夫过程，如无特别说明假设参数集 $T=[0, +\infty)$，状态空间 $S=\mathbf{N}^{+}=\{0, 1, 2, \cdots\}$.

4.1 连续时间马尔可夫链的基本概念

定义 4.1 设随机过程 $\{X(t), t \geqslant 0\}$ 的状态空间为 $S=\{0, 1, 2, \cdots\}$，若对任意的 $0 \leqslant t_1 < t_2 < \cdots < t_{n+1} \in T$，$i_1, i_2, \cdots, i_{n+1} \in S$，有

$$\begin{aligned} &P\{X(t_{n+1})=i_{n+1} \mid X(t_n)=i_n, X(t_{n-1})=i_{n-1}, \cdots, X(t_1)=i_1\} \\ &=P\{X(t_{n+1})=i_{n+1} \mid X(t_n)=i_n\}, \end{aligned}$$

则称 $\{X(t), t \geqslant 0\}$ 为连续时间的马尔可夫链.

由定义知对于连续时间的马尔可夫链，在已知现在时刻 t_n 以及过去时刻所处状态的条件下，将来时刻 t_{n+1} 的状态只依赖于现在的状态而与过去无关.记

$$P\{X(s+t)=j \mid X(s)=i\}=p_{ij}(s, t)，其中 i, j \in S.$$

此条件概率表示系统在 s 时刻处于状态 i，经过时间 t 后转移到状态 j 的概率.若 $p_{ij}(s, t)$ 与 s 无关，只与 t 有关，称此马尔可夫链为齐次的，如无特别说明，后面讨论的都是齐次马尔可夫链.此时转移概率简记为

$$p_{ij}(s, t)=p_{ij}(t),$$

称 $p_{ij}(t)$ 为齐次马尔可夫链的转移概率或转移函数，其转移概率矩阵简记为

$$\boldsymbol{P}(t)=(p_{ij}(t)), \ (i, j \in S, t \geqslant 0).$$

对于连续时间的齐次马尔可夫链，令 τ_i 为系统在转移到另一状态之前停留在状态 i 的时间，假设系统在 $t=0$ 时刻处于状态 i，在接下来的 s 个单位时间内，系统未离开状态 i

(即未发生转移),则在随后的 t 个单位时间内系统仍然处在状态 i 的概率为

$$P\{\tau_i > s+t \mid \tau_i > s\} = P\{\tau_i > t\}.$$

即随机变量 τ_i 具有无记忆性,因此 τ_i 服从指数分布.

由此可见,一个连续时间的齐次马尔可夫链,在转移到另一个状态之前系统停留在状态 i 的时间服从参数为 v_i 的指数分布.

当 $v_i = \infty$ $\left(平均逗留时间为\dfrac{1}{v_i}\right)$,称状态 i 为瞬时状态,即系统一旦进入此状态就立即离开.

当 $v_i = 0$ 时,称状态 i 为吸收状态,即系统一旦进入此状态就永远不再离开.

连续时间马尔可夫链的转移概率 $p_{ij}(t)$ 与时间离散的马尔可夫链的转移概率 $p_{ij}^{(n)}$ 是相对应的,因此它们有很多相似的性质.

性质 1 (1) $p_{ij}(t) \geqslant 0,\ i,\ j \in S$;(2) $\sum\limits_{j\in S} p_{ij}(t) = 1,\ i \in S$;(3) $p_{ij}(t+s) = \sum\limits_{k\in S} p_{ik}(t) p_{kj}(s) \geqslant 0,\ i,\ j \in S$.

其中(3)式为连续时间马尔可夫链的 C-K 方程.

证明略(利用全概率公式和连续时间马尔可夫链的定义).

类似于离散时间的马尔可夫链,同样可以定义连续时间马尔可夫链的绝对分布和初始分布.

定义 4.2 设 $\{X(t),\ t \geqslant 0\}$ 为连续时间的马尔可夫链,称 $q_i = P\{X(0)=i\}$ 为初始概率,称 $q_i(t) = P\{X(t)=i\}$ 为绝对概率,其中 $i \in S$. 并称 $\{q_i,\ i \in S\}$ 和 $\{q_i(t),\ i \in S\}$ 为初始分布和绝对分布.

性质 2 设 $\{X(t),\ t \geqslant 0\}$ 为连续时间的马尔可夫链,则绝对分布和有限维概率分布具有如下性质:

(1) $q_i(t) \geqslant 0$;

(2) $\sum\limits_{i\in S} q_i(t) = 1$;

(3) $q_j(t) = \sum\limits_{i\in S} q_i p_{ij}(t)$.

其中(3)式表明绝对分布由初始分布和转移函数所确定,矩阵形式 $\boldsymbol{Q}(t) = (q_j(t)) = \boldsymbol{Q}_0 \boldsymbol{P}(t)$,$\boldsymbol{Q}_0$ 为初始分布构成的矩阵.

例 4.1 设 $X(t)$ 表示电话总机在 $[0,\ t)$ 时间段内收到的电话呼叫次数,由于在互不相交的时间区间内收到的呼叫次数是相互独立的,且 $X(t)$ 服从参数为 λt 的泊松分布(Poisson distribution),即 $X(t)$ 为 Poisson 过程,可以验证 $X(t)$ 为连续时间的齐次马尔可夫链.

证明 由于 $X(t)$ 是独立增量过程,且 $X(0)=0$,对任意 $0 \leqslant t_1 < t_2 < \cdots < t_{n+1} \in T,\ i_1,\ i_2,\ \cdots,\ i_{n+1} \in S$,有

$$
\begin{aligned}
&P\{X(t_{n+1})=i_{n+1}\mid X(t_n)=i_n,\ X(t_{n-1})=i_{n-1},\ \cdots,\ X(t_1)=i_1\}\\
&\quad=P\{X(t_{n+1})-X(t_n)=i_{n+1}-i_n\mid X(t_n)-X(t_{n-1})=i_n-i_{n-1},\ \cdots,\\
&\qquad X(t_1)-X(0)=i_1\}\\
&\quad=P\{X(t_{n+1})-X(t_n)=i_{n+1}-i_n\}\\
&\quad=P\{X(t_{n+1})-X(t_n)=i_{n+1}-i_n\mid X(t_n)-X(0)=i_n\}\\
&\quad=P\{X(t_{n+1})=i_{n+1}\mid X(t_n)=i_n\}.
\end{aligned}
$$

由定义 4.1 知，$X(t)$是连续时间的马尔可夫链.

下面证明齐次性，对任意 $i,\ j\in S$,

$$
\begin{aligned}
\boldsymbol{P}_{ij}(s,\ t)&=P\{X(s+t)=j\mid X(s)=i\}\\
&=P\{X(s+t)-X(s)=j-i\mid X(s)-X(0)=i\}\\
&=P\{X(s+t)-X(s)=j-i\}=\begin{cases}\mathrm{e}^{-\lambda t}\dfrac{(\lambda t)^{j-i}}{(j-i)!}, & i\leqslant j,\\ 0, & i>j.\end{cases}
\end{aligned}
$$

即转移概率只与 t 有关，所以 $X(t)$为齐次的.

4.2 柯尔莫哥洛夫微分方程

对于离散时间的齐次马尔可夫链，k 步转移概率矩阵等于一步转移概率矩阵的 k 次方，但是，对于连续时间的齐次马尔可夫链，转移概率 $p_{ij}(t)$的求解较为麻烦，下面讨论 $p_{ij}(t)$所满足的微分方程.

对于转移概率 $p_{ij}(t)$，一般假定满足正则性条件，即

$$
\lim_{t\to 0^+}p_{ij}(t)=\begin{cases}1, & i=j,\\ 0, & i\neq j.\end{cases}
$$

无特别说明，以下都假设连续时间马尔可夫链满足正则性条件，并且可以验证

$$
\lim_{t\to 0^+}p_{ij}(t)=\begin{cases}1, & i=j\\ 0, & i\neq j\end{cases}\Leftrightarrow \lim_{t\to 0^+}p_{ii}(t)=1\Leftrightarrow \lim_{h\to 0^+}P\{\mid X(t+h)-X(t)\mid\geqslant\varepsilon\mid X_0=i\}=0.
$$

直观意义：表明系统在很短的时间内发生状态转移的可能性是很小的，即在很短的时间内，状态几乎不变.这与常见的客观事实是相符的，有时也称为连续性条件.

定理 4.1　设 $p_{ij}(t)$为连续时间、齐次马尔可夫链的转移概率，则满足

(1) $\displaystyle\lim_{t\to 0^+}\frac{1-p_{ii}(t)}{t}=q_{ii}<\infty$;

(2) $\displaystyle\lim_{t\to 0^+}\frac{p_{ij}(t)}{t}=q_{ij}<\infty,\ i\neq j.$

证明略.由(2)式知 $q_{ij}(i\neq j)$ 表示 $p_{ij}(t)$ 在 $t=0$ 的右导数.

当 $t>0$ 且较小时,(1)(2)等价于

$$p_{ii}(t)=1-q_{ii}t+o(t),$$

$$p_{ij}(t)=q_{ij}t+o(t),\ i\neq j.$$

表明系统从状态 i 出发是继续停留在状态 i 还是跳跃到状态 j,忽略高阶无穷小时,取决于 q_{ii} 与 q_{ij}.称 q_{ij} 为连续时间、齐次马尔可夫链的转移速率或跳跃强度.

推论 4.1 对时间连续、有限状态的齐次马尔可夫链,有

$$q_{ii}=\sum_{j\neq i}q_{ij}<\infty.$$

证明 由 $\sum\limits_{j\in S}p_{ij}(t)=1$,得 $1-p_{ii}(t)=\sum\limits_{j\neq i}p_{ij}(t)$,所以

$$q_{ii}=\lim_{t\to 0^+}\frac{1-p_{ii}(t)}{t}=\lim_{t\to 0^+}\sum_{j\neq i}\frac{p_{ij}(t)}{t}=\sum_{j\neq i}q_{ij}.$$

而对时间连续、无限状态的齐次马尔可夫链,一般只有

$$q_{ii}\geqslant\sum_{j\neq i}q_{ij}.$$

设连续时间齐次马尔可夫链的状态空间为 $S=\{0,1,2,\cdots,n,\cdots\}$,由转移速率 q_{ij} 构成矩阵

$$\boldsymbol{Q}=\begin{pmatrix}-q_{00} & q_{01} & \cdots & q_{0n}\\ q_{10} & -q_{11} & \cdots & q_{1n}\\ \vdots & \vdots & \vdots & \vdots\\ q_{n0} & q_{n1} & \cdots & -q_{nn}\end{pmatrix},$$

称 $\boldsymbol{Q}$ 为转移速率矩阵或密度矩阵.

例 4.2 设 $\{N(t),t\geqslant 0\}$ 是强度为 λ 的 Poisson 过程,求其 $\boldsymbol{Q}$ 矩阵.

解 由例 4.1 知 $\{N(t),t\geqslant 0\}$ 是齐次马尔可夫链,并且转移概率函数为

$$p_{ij}(t)=\begin{cases}\mathrm{e}^{-\lambda t}\dfrac{(\lambda t)^{j-i}}{(j-i)!}, & i\leqslant j,\\ 0, & i>j.\end{cases}$$

当 $j=i+1$ 时,$q_{ij}=p'_{ij}(0)=\lambda$;

当 $j=i$ 时,$q_{ii}=\lim\limits_{t\to 0^+}\dfrac{1-p_{ij}(t)}{t}=\lim\limits_{t\to 0^+}\dfrac{1-\mathrm{e}^{-\lambda t}}{t}=\lambda$.

因此转移速率

$$q_{ij}=\begin{cases}\lambda, & j=i+1, i,\\ 0, & \text{其他}.\end{cases}$$

其 $\boldsymbol{Q}$ 矩阵为

$$\boldsymbol{Q}=\begin{pmatrix}-\lambda & \lambda & 0 & 0 & 0 & \cdots\\ 0 & -\lambda & \lambda & 0 & 0 & \cdots\\ 0 & 0 & -\lambda & \lambda & 0 & \cdots\\ & \cdots & \cdots & & & \end{pmatrix}.$$

对于有限状态的齐次马尔可夫链其转移速率矩阵 $\boldsymbol{Q}$ 为有限维矩阵，且 $\boldsymbol{Q}$ 矩阵的每一行的元素之和为 0，主对角线上的元素为负或 0. 当 $i\neq j$ 时，$q_{ij}\geqslant 0$. 下面讨论对于有限状态的齐次马尔可夫链利用 $\boldsymbol{Q}$ 矩阵推出转移概率 $p_{ij}(t)$ 所满足的方程.

由 C-K 方程得

$$p_{ij}(t+h)=\sum_{k\in S}p_{ik}(h)p_{kj}(t),$$

因此

$$p_{ij}(t+h)-p_{ij}(t)=\sum_{k\neq i}p_{ik}(h)p_{kj}(t)-(1-p_{ii}(h))p_{ij}(t).$$

两边同时除以 h，然后令 $h\to 0$，得

$$\lim_{h\to 0}\frac{p_{ij}(t+h)-p_{ij}(t)}{h}=\sum_{k\neq i}q_{ik}p_{kj}(t)-q_{ii}p_{ij}(t),$$

即 $p'_{ij}(t)=\sum\limits_{k\neq i}q_{ik}p_{kj}(t)-q_{ii}p_{ij}(t)$，由此可得下面的定理.

定理 4.2 柯尔莫哥洛夫微分方程(Kolmogorov's differential equations)

假设 $q_{ii}=\sum\limits_{j\neq i}q_{ij}$，则对一切 $i, j\in S$ 及 $t\geqslant 0$，有

$$p'_{ij}(t)=\sum_{k\neq i}q_{ik}p_{kj}(t)-q_{ii}p_{ij}(t)(\text{向后方程}),$$

$$p'_{ij}(t)=\sum_{k\neq j}p_{ik}(t)q_{kj}-p_{ij}(t)q_{jj}(\text{向前方程})(\sup_{i\in S}(-q_{ii})<+\infty).$$

详细证明略.

Kolmogorov 向后和向前方程虽然形式不同，但可以证明它们所求得的解 $p_{ij}(t)$ 是相同的. 在实际应用中，当固定最后状态 j 时，采用向后方程求解方便，当固定状态 i 时，采用向前方程求解较方便.

形式上，Kolmogorov 微分方程可以看成是对 C-K 方程求导得到的，如下：

$$p_{ij}(t+s)=\sum_{k\in S}p_{ik}(t)p_{kj}(s).$$

假设对前面的参数 t 在 0 点求导，即得向后方程，假设对后面的参数 s 在 0 点求导，即得向前方程.Kolmogorov 微分方程的矩阵表示形式为

$$\boldsymbol{P}'(t)=\boldsymbol{Q}\boldsymbol{P}(t),$$

$$\boldsymbol{P}'(t)=\boldsymbol{P}(t)\boldsymbol{Q},$$

其中 $\boldsymbol{Q}$ 为转移速率矩阵.

由 Kolmogorov 微分方程知，转移概率由转移速率矩阵所确定，当 $\boldsymbol{Q}$ 是有限维矩阵时，矩阵微分方程的解为

$$\boldsymbol{P}(t)=\mathrm{e}^{Qt}=\sum_{j=0}^{\infty}\frac{(\boldsymbol{Q}t)^j}{j\,!}.$$

与离散马尔可夫链类似，我们讨论时间连续马尔可夫链的转移概率，当 $t\to\infty$ 时，$p_{ij}(t)$的极限分布和平稳分布的相关性质.

定义 4.3 设 $p_{ij}(t)$为时间连续的马尔可夫链的转移概率，若存在时刻 t_1，t_2 使得

$$p_{ij}(t_1)>0,\ p_{ji}(t_2)>0.$$

称状态 i，j 是互通的，称此马尔可夫链为不可约的.

关于时间连续马尔可夫链的其他定义与离散马尔可夫链类似，在此不再重述.

定理 4.3 假设时间连续的马尔可夫链是不可约的，有下述性质：

(1) 若状态是正常返的，则 $\lim\limits_{t\to\infty}p_{ij}(t)=\pi_j>0$，$j\in S$，其中 π_j 为方程组 $\begin{cases}\pi_j q_{jj}=\sum\limits_{k\neq i}\pi_k q_{kj}\text{(矩阵形式：}\boldsymbol{\pi Q}=0\text{)},\\ \sum\limits_{j}\pi_j=1\end{cases}$ 的唯一非负解，称 $\{\pi_j,\ j\in S\}$ 为时间连续马尔可夫链的平稳分布，且绝对分布极限

$$\lim_{t\to\infty}q_j(t)=\lim_{t\to\infty}P\{X(t)=j\}=\pi_j=\lim_{t\to\infty}p_{ij}(t);$$

(2) 若状态是零常返或非常返的，则

$$\lim_{t\to\infty}p_{ij}(t)=\lim_{t\to\infty}q_j(t)=0.$$

例 4.3 两状态马尔可夫链

设 $\{X(t),\ t\geqslant 0\}$ 为时间连续的马尔可夫链，其状态空间 $S=\{0,1\}$. 假定在转移到状态 1 之前链在状态 0 停留的时间 τ_0 是参数为 λ 的指数分布，而在回到状态 0 之前它在状态 1 停留的时间 τ_1 是参数为 μ 的指数分布.显然该链满足齐次性，其状态转移概率为

$$p_{01}(h)=P\{\tau_0<h\}=1-\mathrm{e}^{-\lambda h}=\lambda h+o(h),$$

$$p_{10}(h)=P\{\tau_1<h\}=1-\mathrm{e}^{-\mu h}=\mu h+o(h),$$

$$q_{00}=\lim_{h\to 0^+}\frac{1-p_{00}(h)}{h}=\lim_{h\to 0^+}\frac{p_{01}(h)}{h}=\lambda=q_{01},$$

$$q_{11}=\lim_{h\to 0^+}\frac{1-p_{11}(h)}{h}=\lim_{h\to 0^+}\frac{p_{10}(h)}{h}=\mu=q_{10},$$

所以密度矩阵

$$\boldsymbol{Q}=\begin{pmatrix}-\lambda & \lambda\\ \mu & -\mu\end{pmatrix}.$$

由 Kolmogorov 向前方程 $\boldsymbol{P}'(t)=\boldsymbol{P}(t)\boldsymbol{Q}$，得

$$p'_{00}(t)=-\lambda p_{00}(t)+\mu p_{01}(t)=-(\lambda+u)p_{00}(t)+\mu(p_{01}(t)=1-p_{00}(t)),$$

因此

$$\mathrm{e}^{(\lambda+\mu)t}[p'_{00}(t)+(\lambda+u)p_{00}(t)]=\mu\mathrm{e}^{(\lambda+\mu)t},$$

即

$$[\mathrm{e}^{(\lambda+\mu)t}p_{00}(t)]'=\mu\mathrm{e}^{(\lambda+\mu)t}.$$

于是

$$\mathrm{e}^{(\lambda+\mu)t}p_{00}(t)=\frac{\mu}{\lambda+\mu}\mathrm{e}^{(\lambda+\mu)t}+C.$$

由 $p_{00}(0)=1$，得 $C=\dfrac{\lambda}{\lambda+\mu}$，所以

$$p_{00}(t)=\frac{\mu}{\lambda+\mu}+\frac{\lambda}{\lambda+\mu}\mathrm{e}^{-(\lambda+\mu)t}.$$

若记 $\lambda_0=\dfrac{\lambda}{\lambda+\mu}$，$\mu_0=\dfrac{\mu}{\lambda+\mu}$，则

$$p_{00}(t)=\mu_0+\lambda_0\mathrm{e}^{-(\lambda+\mu)t}.$$

类似地，由

$$p'_{01}(t)=\lambda p_{00}(t)-\mu p_{01}(t)=\lambda-(\lambda+\mu)p_{01}(t)$$

可得

$$p_{01}(t)=\lambda_0-\lambda_0\mathrm{e}^{-(\lambda+\mu)t}=\lambda_0(1-\mathrm{e}^{-(\lambda+\mu)t}).$$

由

$$p'_{10}(h)=-\lambda p_{10}(h)+\mu p_{11}(h)$$

可得

$$p_{10}(t)=\mu_0(1-\mathrm{e}^{-(\lambda+\mu)t}).$$

由

$$p'_{11}(h)=\lambda p_{10}(h)-\mu p_{11}(h)$$

可得

$$p_{11}(t)=\lambda_0+\mu_0\mathrm{e}^{-(\lambda+\mu)t}.$$

转移概率极限

$$\lim_{t\to\infty}p_{00}(t)=\mu_0=\lim_{t\to\infty}p_{10}(t),$$
$$\lim_{t\to\infty}p_{11}(t)=\lambda_0=\lim_{t\to\infty}p_{01}(t).$$

由定理 4.3 知，平稳分布为

$$\pi_0=\mu_0=\frac{\mu}{\lambda+\mu},\ \pi_1=\lambda_0=\frac{\lambda}{\lambda+\mu}.$$

若取初始分布为平稳分布，即

$$q_0=P\{X(0)=0\}=\mu_0,\ q_1=P\{X(0)=1\}=\lambda_0,$$

则在时刻 t 的绝对概率分布，由 $q_j(t)=\sum\limits_{i\in S}q_ip_{ij}(t)$ 知

$$\begin{aligned}q_0(t)&=P\{X(t)=0\}=q_0p_{00}(t)+q_1p_{10}(t)\\&=\mu_0(\mu_0+\lambda_0\mathrm{e}^{-(\lambda+\mu)t})+\lambda_0\mu_0(1-\mathrm{e}^{-(\lambda+\mu)t})=\mu_0,\\q_1(t)&=P\{X(t)=1\}=q_0p_{01}(t)+q_1p_{11}(t)\\&=\mu_0\lambda_0(1-\mathrm{e}^{-(\lambda+\mu)t})+\lambda_0(\lambda_0+\mu_0\mathrm{e}^{-(\lambda+\mu)t})=\lambda_0,\end{aligned}$$

即绝对分布也为平稳分布.

4.3 时间连续马尔可夫链的应用

生灭过程是一类特殊的时间连续马尔可夫链.

设同一类型的个体组成一个生物群体，其每一个个体在任意的 Δt 时间内繁殖一个新个体的概率是 $\lambda_i\Delta t+o(\Delta t)(\lambda_i>0)$，繁殖两个或两个以上的概率是 $o(\Delta t)$，并设每一个体在此时间内也会死亡，其寿命服从 $\mu_i>0$ 的指数分布.若令 $X(t)$ 表示生物群体在 t 时刻的个体数，则 $\{X(t),\ t\geqslant 0\}$ 是连续时间的齐次马尔可夫链.且其转移概率满足：

$$p_{ii+1}(\Delta t)=\lambda_i\Delta t+o(\Delta t),\ \lambda_i>0,$$

$$p_{ii-1}(\Delta t)=\mu_i\Delta t+o(\Delta t),\ \mu_i>0,\ \mu_0=0,$$

$$p_{ii}(\Delta t)=1-(\lambda_i+\mu_i)\Delta t+o(\Delta t),$$

$$p_{ij}(\Delta t)=o(\Delta t),\ |i-j|\geqslant 2,$$

称此链为齐次生灭过程,其中 λ_i 为出生率,μ_i 为死亡率.

若 $\lambda_i=i\lambda$, $\mu_i=i\mu$(λ, μ 是正常数),则称$\{X(t),\ t\geqslant 0\}$ 为线性生灭过程.

若 $\mu_i\equiv 0$,则称$\{X(t),\ t\geqslant 0\}$ 为纯生过程.

若 $\lambda_i\equiv 0$,则称$\{X(t),\ t\geqslant 0\}$ 为纯灭过程.

由定义知生灭过程的状态是互通的,并且在很短的时间 Δt 内(不计高价无穷小),群体的变化有三种可能,状态由 i 变到 $i+1$,即增加一个个体,其概率为 $\lambda_i\Delta t$;状态由 i 变到 $i-1$,即减少一个个体,其概率为 $\mu_i\Delta t$;群体大小不增不减,其概率为 $1-(\lambda_i+\mu_i)\Delta t$.

由定理 4.1 知:

$$q_{ii}=\lim_{\Delta t\to 0}\frac{1-p_{ii}(\Delta t)}{\Delta t}=\lim_{\Delta t\to 0}\frac{1-[1-(\lambda_i+\mu_i)\Delta t+o(\Delta t)]}{\Delta t}=\lambda_i+\mu_i,$$

$$q_{ii+1}=\lim_{\Delta t\to 0}\frac{p_{ii+1}(\Delta t)}{\Delta t}=\lim_{\Delta t\to 0}\frac{\lambda_i\Delta t+o(\Delta t)}{\Delta t}=\lambda_i,$$

$$q_{ii-1}=\lim_{\Delta t\to 0}\frac{p_{ii-1}(\Delta t)}{\Delta t}=\lim_{\Delta t\to 0}\frac{\mu_i\Delta t+o(\Delta t)}{\Delta t}=\mu_i,$$

$$q_{ij}=\lim_{\Delta t\to 0}\frac{p_{ij}(\Delta t)}{\Delta t}=\lim_{\Delta t\to 0}\frac{o(\Delta t)}{\Delta t}=0\quad |i-j|\geqslant 2,$$

因此密度矩阵

$$\boldsymbol{Q}=\begin{pmatrix}-\lambda_0 & \lambda_0 & 0 & 0 & \cdots\\ \mu_1 & -(\lambda_1+\mu_1) & \lambda_1 & 0 & \cdots\\ 0 & \mu_2 & -(\lambda_2+\mu_2) & \lambda_2 & \cdots\\ 0 & 0 & \mu_3 & -(\lambda_3+\mu_3) & \cdots\\ & \cdots & \cdots & \cdots & \end{pmatrix}.\quad (*)$$

由 Kolmogorov 向前方程得

$$p'_{i0}(t)=\lambda_0 p_{i0}(t)+\mu_1 p_{i1}(t),$$

$$p'_{ij}(t)=\lambda_{j-1}p_{ij-1}(t)-(\lambda_j+\mu_j)p_{ij}(t)+\mu_{j+1}p_{ij+1}(t)\ (j\geqslant 1).$$

由 Kolmogorov 向后方程得

$$p'_{0j}(t)=-\lambda_0 p_{0j}(t)+\lambda_0 p_{1j}(t),$$

$$p'_{ij}(t)=\mu_i p_{i-1j}(t)-(\lambda_i+\mu_i)p_{ij}(t)+\lambda_i p_{i+1j}(t)(i\geqslant 1).$$

由于上述方程组的求解比较困难，下面讨论其平稳分布.

由定理 4.3 知，平稳分布满足：$\pi_j q_{jj}=\sum\limits_{k\neq j}\pi_k q_{kj}\ (\boldsymbol{\pi Q}=0)$，

即

$$\lambda_0\pi_0=\mu_1\pi_1,$$

$$(\lambda_j+\mu_j)\pi_j=\lambda_{j-1}\pi_{j-1}+\mu_{j+1}\pi_{j+1},\ j\geqslant 1.$$

逐步递推得

$$\lambda_0\pi_0=\mu_1\pi_1,\ \lambda_1\pi_1=\mu_2\pi_2,\ \cdots,\ \lambda_{j-1}\pi_{j-1}=\mu_j\pi_j,\ \cdots$$

即

$$\pi_1=\frac{\lambda_0}{\mu_1}\pi_0,\ \pi_2=\frac{\lambda_1}{\mu_2}\pi_1=\frac{\lambda_0\lambda_1}{\mu_1\mu_2}\pi_0,\ \cdots,\ \pi_j=\frac{\lambda_{j-1}}{\mu_j}\pi_{j-1}=\frac{\lambda_0\lambda_1\cdots\lambda_{j-1}}{\mu_1\mu_2\cdots\mu_j}\pi_0,\ \cdots$$

再利用 $\sum\limits_j\pi_j=1$，得平稳分布为

$$\pi_0=\left(1+\sum_{j=1}^{\infty}\frac{\lambda_0\lambda_1\cdots\lambda_{j-1}}{\mu_1\mu_2\cdots\mu_j}\right)^{-1},$$

$$\pi_j=\frac{\lambda_0\lambda_1\cdots\lambda_{j-1}}{\mu_1\mu_2\cdots\mu_j}\left(1+\sum_{j=1}^{\infty}\frac{\lambda_0\lambda_1\cdots\lambda_{j-1}}{\mu_1\mu_2\cdots\mu_j}\right)^{-1},\ j\geqslant 1\quad (**).$$

由此可得，平稳分布存在的充要条件是

$$\sum_{j=1}^{\infty}\frac{\lambda_0\lambda_1\cdots\lambda_{j-1}}{\mu_1\mu_2\cdots\mu_j}<\infty.$$

通过上面的讨论，可以利用密度矩阵 $\boldsymbol{Q}$ 给出有关生灭过程的一个结论.

定理 4.4 设 $\{X(t),\ t\geqslant 0\}$ 是连续时间的齐次马尔可夫链，若密度矩阵 $\boldsymbol{Q}$ 满足（$*$）式，其中 $\lambda_i>0,\ \mu_i>0,\ \mu_0=0$，则 $\{X(t),\ t\geqslant 0\}$ 为生灭过程.

由定理 4.4 知，例 4.2 中的马尔可夫链为纯生过程.

例 4.4（排队系统） 假设一个服务系统有一个服务员，每一位顾客到达服务站的时间间隔是均值为 $\frac{1}{\lambda}$ 的独立指数分布，每一位顾客一来到，如果服务员空闲，则直接进行服务，否则顾客就加入排队行列，当顾客结束服务时就离开服务系统，下一个顾客进入服务，假定相继的服务时间间隔是均值为 $\frac{1}{\mu}$ 的独立指数分布.若令 $X(t)$ 表示在 t 时刻系统中的人数，则 $\{X(t),\ t\geqslant 0\}$ 为生灭过程.其中，$\lambda_j=\lambda,\ \mu_j=\mu$，平稳分布为

$$\pi_j=\frac{\lambda_0\lambda_1\cdots\lambda_{j-1}}{\mu_1\mu_2\cdots\mu_j}\left(1+\sum_{j=1}^{\infty}\frac{\lambda_0\lambda_1\cdots\lambda_{j-1}}{\mu_1\mu_2\cdots\mu_j}\right)^{-1}=\frac{(\lambda/\mu)^j}{1+\sum\limits_{j=1}^{\infty}(\lambda/\mu)^j}=(\lambda/\mu)^j(1-\lambda/\mu),\ j\geqslant 0.$$

要平稳分布存在(极限存在),则 $\lambda<\mu$,直观上表示顾客到达服务系统的速率 λ 要小于受到服务的速率 μ.此时平稳分布 $\pi_j=(\lambda/\mu)^j(1-\lambda/\mu)$ 为几何分布,其中 $\pi_0=1-\lambda/\mu$ 为系统在稳态时系统空闲的概率,而 $1-\pi_0=\lambda/\mu$ 为系统忙着的概率,有时称为系统的业务强度或负荷水平.

当系统稳定时,进一步可以计算:

(1) 系统中顾客(包括正在接受服务和排队等候的顾客)的平均数:

$$\sum_{j=0}^{\infty}j\pi_j=\sum_{j=0}^{\infty}j(\lambda/\mu)^j(1-\lambda/\mu)=\frac{\lambda/\mu}{1-\lambda/\mu}=\frac{\lambda}{\mu-\lambda}.$$

(2) 顾客在系统中逗留(包括排队等候的时间和接受服务的时间)的平均时间.

令 Y 为顾客在系统中逗留的时间,则

$$EY=E(E(Y\mid X(t)))=\sum_{j=0}^{\infty}E(Y\mid X(t)=j)P\{X(t)=j\}$$

$$=\sum_{j=0}^{\infty}\left(\frac{j}{\mu}+\frac{1}{\mu}\right)\pi_j=\frac{1}{\mu}\left(\sum_{j=0}^{\infty}j\pi_j+\sum_{j=0}^{\infty}\pi_j\right)=\frac{1}{\mu-\lambda}.$$

其中 $E(Y\mid X(t)=j)$ 表示系统中有 j 个顾客时,他在系统中逗留的平均时间,包括 j 个顾客接受服务的平均时间 $\frac{j}{\mu}$ 和他本人接受服务的平均时间 $\frac{1}{\mu}$. 即 $E(Y\mid X(t)=j)=\frac{j}{\mu}+\frac{1}{\mu}$.

当 $\lambda>\mu$ 时,到达的速率要高于能受到服务的速率,此时排队的长度趋于无穷.

当 $\lambda=\mu$ 时,类似于对称的随机游动,它是零常返的,所以没有极限概率.

若服务系统中有 s 个服务员,则 $\lambda_j=\lambda$, $\mu_j=\begin{cases}j\mu, & 1\leqslant j\leqslant s;\\ su, & j>s.\end{cases}$

请读者自己证明.

习题

1. 设 $\{X(t),\ t\geqslant 0\}$ 为参数连续的齐次马尔可夫链,状态空间 $S=\{1,\ 2,\ 3\}$,且 $\boldsymbol{Q}$ 矩阵为

$$\boldsymbol{Q}=\begin{pmatrix}-2 & 1 & 1\\ 0 & -1 & 1\\ 1 & 0 & -1\end{pmatrix}.$$

写出马尔可夫链的向前方程,并求转移概率函数 $p_{ij}(t)$.

2. 设 $\{X(t), t \geqslant 0\}$ 为状态离散参数连续的齐次马尔可夫链,其状态空间 $S=\{0, 1, 2, \cdots, m-1\}$,转移速率矩阵 $\boldsymbol{Q}$ 为

$$\boldsymbol{Q}=\begin{pmatrix} -(m-1) & & & \\ & -(m-1) & & 1 \\ & & & \\ 1 & & \ddots & \\ & & & -(m-1) \end{pmatrix}.$$

求转移概率函数 $p_{ij}(t)$及平稳分布.

3. 设某车间有 m 台车床,假定时刻 t,一台正在工作的车床,在时刻 $t+h$ 停止工作的概率为 $\mu h+o(h)$,而时刻 t,一台不工作的车床,在时刻 $t+h$ 开始工作的概率为 $\lambda h+o(h)$,且各车床是否工作相互独立,若 $X(t)$表示时刻 t 正在工作的车床数,求马尔可夫链 $\{X(t), t \geqslant 0\}$ 的平稳分布.

4. 有 m 台设备,每台机器能正常运转的时间都服从参数为 λ 的指数分布,而检修所需要的时间均服从参数为 μ 的指数分布,各台机器是否运行及运行的情形相互独立.假设有 k 台机器不能正常运行就全部停工检修,若 $X(t)$表示时刻 t 不能正常运行的设备数,则 $\{X(t), t \geqslant 0\}$ 为连续时间马尔可夫链,求转移速率矩阵 $\boldsymbol{Q}$ 及平稳分布.

5. 假设计算机中某个触发器,它可能有两个状态,分别为 0 和 1,触发器状态变化构成一个状态离散参数连续的齐次马尔可夫链,且满足

$$p_{01}(\Delta t)=\lambda \Delta t+o(\Delta t);$$

$$p_{10}(\Delta t)=\mu \Delta t+o(\Delta t).$$

求密度矩阵和平稳分布.

6.(简单传染模型) 考虑有 m 个个体的群体,在时刻 0 由一个已感染的个体和 $m-1$ 个未感染的个体组成,个体一旦收到感染就永远处在此状态.假设在任意的长为 h 的时间区间内任意一个已感染的人将以概率 $\alpha h+o(h)$ 引起任一指定的未被感染者成为已感染者.若我们以 $X(t)$记时刻 t 群体中已受感染的个体数,则 $\{X(t), t \geqslant 0\}$ 是一纯生过程,求整个群体被感染的平均时间.

第 5 章

泊 松 过 程

泊松过程是由法国著名数学家泊松(Poisson)证明的,1943 年帕尔姆在电话业务问题的研究中运用了这一过程,后来辛钦于 20 世纪 50 年代在服务系统的研究中又进一步发展了它.

5.1 泊松过程的定义

实际生活中,观测到时刻 t 时某事件出现的次数.例如某服务台在$[0, t]$中到达的顾客数;某停车场在$[0, 30]$分钟内的汽车数目;某超市在$[0, 2]$小时的顾客数等.用 $N(t)$表示到时刻 t 为止某事件出现的次数,$\{N(t), t \geqslant 0\}$ 称为计数过程.$N(t)$是取非负整数值的随机变量,当 $s < t$,则 $N(s) \leqslant N(t)$.

若对于 $t_1 < t_2 < \cdots < t_n (n > 2, t_j \in T)$,实值随机过程$\{N(t), t \in T\}$ 对应的增量 $N(t_2) - N(t_1)$, $N(t_3) - N(t_2)$, $\cdots$, $N(t_n) - N(t_{n-1})$ 相互独立,则称 $\{N(t), t \in T\}$ 独立增量过程.进一步,如果在 $[t, t+s]$ 内,$s > 0$,事件发生的次数 $N(t+s) - N(t)$ 仅与时间间隔 s 有关,而与初始时刻 t 无关,则称 $\{N(t), t \in T\}$ 为平稳独立增量过程.

泊松过程是具有平稳独立增量的计数过程,下面给出泊松过程的第一个定义.

定义 5.1 计数过程 $\{X(t), t \geqslant 0\}$ 称为 Poisson 过程,如果满足条件:

(1) $X(0) = 0$;

(2) 具有独立增量;

(3) 在任一长度为 t 的区间中,事件 A 发生的次数服从参数 $\lambda t > 0$ 的泊松分布,即对 $\forall s, t \geqslant 0$, $P[X(t+s) - X(s) = k] = \mathrm{e}^{-\lambda t} \cdot \dfrac{(\lambda t)^k}{k!}$, $k = 0, 1, 2, \cdots$

注:条件(3)说明泊松过程具有平稳增量,因为 $X(t+s) - X(s)$ 的分布只依赖于时间间隔 t,与区间起点 s 无关,有时也称为齐次的泊松过程.

令 $s = 0$,

$$P\{X(t) = k\} = \mathrm{e}^{-\lambda t} \cdot \frac{(\lambda t)^k}{k!},\ k = 0, 1, \cdots,$$

则 $m(t)=EX(t)=\lambda t$，

即$[0,\ t]$间隔中事件出现的平均次数为 λt，λ 称为泊松过程的强度.

泊松过程还有另外一个等价定义.

定义 5.2 计数过程 $\{X(t),\ t\geqslant 0\}$ 称为 Poisson 过程，如果满足条件：

(1) $X(0)=0$；

(2) 具有平稳独立增量；

(3) $P\{X(h)=1\}=\lambda h+o(h)$；$P\{X(h)\geqslant 2\}=o(h)$，$\lambda>0$.

定义 5.2 中(3)表明：在充分小的时间间隔中，事件出现一次的概率与时间间隔的长度成正比，而在很小的时间间隔中事件出现两次或两次以上的概率很小.

下面来证明这两个定义是等价的.

证明 定义 5.1⇒定义 5.2.

由定义 5.1 的(3)可知满足平稳性，又当 h 充分小时，

$$P\{X(t+h)-X(t)=1\}=P\{X(h)-X(0)=1\}=\mathrm{e}^{-\lambda h}\cdot\frac{\lambda h}{1!}$$

$$=\lambda h\cdot\sum_{n=0}^{\infty}\frac{(-\lambda h)^n}{n!}=\lambda h[1-\lambda h+o(h)]=\lambda h+o(h).$$

$$P\{X(t+h)-X(t)\geqslant 2\}=P\{X(h)-X(0)\geqslant 2\}=\sum_{n=2}^{\infty}P\{X(h)-X(0)=n\}$$

$$=\sum_{n=2}^{\infty}\mathrm{e}^{-\lambda h}\cdot\frac{(\lambda h)^n}{n!}=o(h).$$

定义 5.2⇒定义 5.1.

令 $P_n(t)=P\{X(t)=n\}=P\{X(t)-X(0)=n\}$，则

(1) 当 $n=0$ 时，有

$$\begin{aligned}P_0(t+h)&=P\{X(t+h)=0\}=P\{X(t+h)-X(0)=0\}\\&=P\{X(t)-X(0)=0,\ X(t+h)-X(t)=0\}\\&=P\{X(t)-X(0)=0\}\cdot P\{X(t+h)-X(t)=0\}\\&=P_0(t)\cdot[1-\lambda h+o(h)]\end{aligned}$$

故

$$\frac{P_0(t+h)-P_0(t)}{h}=-\lambda P_0(t)+\frac{o(h)}{h}.$$

当 $h\to 0$ 时，有 $P_0'(t)=-\lambda P_0(t)$ 或 $\dfrac{P_0'(t)}{P_0(t)}=-\lambda$，

从而 $P_0(t)=k\mathrm{e}^{-\lambda t}$.

又由于 $P_0(0)=P\{X(0)=0\}=1$，所以 $P_0(t)=\mathrm{e}^{-\lambda t}$.

(2) 建立递推公式：

$$\begin{aligned}P_n(t+h)&=P\{X(t+h)=n\}=P\{X(t+h)-X(0)=n\}\\&=P\{[X(t+h)-X(t)]+[X(t)-X(0)]=n\}\\&=\sum_{j=0}^{n}P\{X(t)-X(0)=n-j\mid X(t+h)-X(t)=j\}\cdot P\{X(t+h)-X(t)=j\}\\&=\sum_{j=0}^{n}P\{X(t)-X(0)=n-j\}\cdot P\{X(t+h)-X(t)=j\}\\&=\sum_{j=0}^{n}P_{n-j}(t)\cdot P_j(h)\\&=P_n(t)P_0(h)+P_{n-1}(t)P_1(h)+\sum_{j=2}^{n}P_{n-j}(t)P_j(h)\\&=P_n(t)P_0(h)+P_{n-1}(t)P_1(h)+o(h)\\&=(1-\lambda h)\cdot P_n(t)+\lambda hP_{n-1}(t)+o(h).\end{aligned}$$

(注：$\sum_{j=2}^{n}P_{n-j}(t)P_j(h)\leqslant\sum_{j=2}^{n}P_j(h)\leqslant\sum_{j=2}^{\infty}P_j(h)=P\{X(h)-X(0)\geqslant 2\}=o(h)$)

由此可得

$$\frac{P_n(t+h)-P_n(t)}{h}=-\lambda P_n(t)+\lambda P_{n-1}(t)+\frac{o(h)}{h}.$$

当 $h\to 0$ 时，

$$P_n'(t)=-\lambda P_n(t)+\lambda P_{n-1}(t),$$

即

$$P_n'(t)+\lambda P_n(t)=\lambda P_{n-1}(t).$$

两边同时乘 $\mathrm{e}^{\lambda t}$ 得

$$\mathrm{e}^{\lambda t}[P_n'(t)+\lambda P_n(t)]=\lambda\mathrm{e}^{\lambda t}\cdot P_{n-1}(t),$$

即

$$\frac{\mathrm{d}}{\mathrm{d}t}[\mathrm{e}^{\lambda t}P_n(t)]=\lambda\mathrm{e}^{\lambda t}P_{n-1}(t).$$

(3) 当 $n=1$ 时，

$$\frac{\mathrm{d}}{\mathrm{d}t}[\mathrm{e}^{\lambda t}P_1(t)]=\lambda\mathrm{e}^{\lambda t}P_0(t)=\lambda\mathrm{e}^{\lambda t}\cdot\mathrm{e}^{-\lambda t}=\lambda,$$

则

$$P_1(t)=(\lambda t+c)\mathrm{e}^{-\lambda t}.$$

由于 $P_1(0)=P\{X(0)=1\}=0$,所以 $c=0$.

则

$$P_1(t)=\lambda t\mathrm{e}^{-\lambda t}.$$

(4) 用数学归纳法证明:

$$P_n(t)=\mathrm{e}^{-\lambda t}\ \frac{(\lambda t)^n}{n!}.$$

当 $n=0$, 1 时,结论已经成立.假设 $n-1$ 时($n\geqslant 1$) 结论成立,由递推公式:

$$\frac{\mathrm{d}}{\mathrm{d}t}[\mathrm{e}^{\lambda t}P_n(t)]=\lambda\,\mathrm{e}^{\lambda t}P_{n-1}(t)=\lambda\,\mathrm{e}^{\lambda t}\cdot\mathrm{e}^{-\lambda t}\ \frac{(\lambda t)^{n-1}}{(n-1)!}$$
$$=\frac{\lambda(\lambda t)^{n-1}}{(n-1)!}.$$

两边积分得

$$\mathrm{e}^{\lambda t}P_n(t)=\frac{(\lambda t)^n}{n!}+c.$$

由于 $P_n(0)=P\{X(0)=n\}=0$,所以 $P_n(t)=\mathrm{e}^{-\lambda t}\ \dfrac{(\lambda t)^n}{n!}$,

因此

$$P\{X(t+s)-X(s)=n\}=\mathrm{e}^{-\lambda t}\ \frac{(\lambda t)^n}{n!}(n=0,\ 1,\ 2,\ \cdots).$$

例 5.1 某商场为了调查顾客到来的客源情况,考察男女顾客来商场的人数.假设男女顾客到达商场的人数分别独立的服从每分钟 1 人(强度为 1)与每分钟 2 人(强度为 2)的泊松过程.

(1) 求到达商场的顾客总人数分布;

(2) 已知 t 时刻已有 60 人到达,求其中有 30 位是女性顾客的概率.平均有多少位女性顾客?

解 (1) 令 $X(t)$、$Y(t)$分别表示在$(0,\ t)$时间段内到达商场的男、女顾客人数,则 $X(t)$服从参数为 t 的泊松分布,$Y(t)$服从参数为 $2t$ 的泊松分布.

即

$$P(X(t)=k)=\mathrm{e}^{-t}\cdot\frac{t^k}{k!},\ k=0,\ 1,\ 2,\ \cdots,$$

$$P(Y(t)=j)=e^{-2t}\cdot\frac{(2t)^j}{j!},\ j=0,\ 1,\ 2,\ \cdots,$$

则在$(0,\ t)$时间段内到达商场的顾客总人数 $X(t)+Y(t)$ 的分布律为

$$\begin{aligned}P\{X(t)+Y(t)=n\}&=\sum_{k=0}^{n}P\{X(t)=k,\ X(t)+Y(t)=n\}\\&=\sum_{k=0}^{n}P\{X(t)=k,\ Y(t)=n-k\}\\&=\sum_{k=0}^{n}P\{X(t)=k\}P\{Y(t)=n-k\}\\&=\sum_{k=0}^{n}e^{-t}\cdot\frac{t^k}{k!}e^{-2t}\cdot\frac{(2t)^{n-k}}{n-k!}\\&=\frac{t^n e^{-3t}}{n!}\sum_{k=0}^{n}\frac{n!}{k!(n-k)!}2^{n-k}\\&=\frac{t^n e^{-3t}}{n!}(1+2)^n=\frac{(3t)^n e^{-3t}}{n!},\end{aligned}$$

即$(0,\ t)$时间段内到达商场的顾客总人数 $X(t)+Y(t)$ 服从参数为 $3t$ 的泊松分布.

(2) 当到达商场的顾客总人数 $X(t)+Y(t)$ 一定时,女顾客人数 $Y(t)$的条件分布

$$\begin{aligned}&P\{Y(t)=j\mid X(t)+Y(t)=n\}\\&=\frac{P\{Y(t)=j,\ X(t)+Y(t)=n\}}{P\{X(t)+Y(t)=n\}}\\&=\frac{P\{Y(t)=j,\ X(t)=n-j\}}{P\{X(t)+Y(t)=n\}}\\&=\frac{e^{-2t}\cdot\dfrac{(2t)^j}{j!}e^{-t}\cdot\dfrac{t^{n-j}}{(n-j)!}}{\dfrac{(3t)^n e^{-3t}}{n!}}\\&=C_n^j\left(\frac{2}{3}\right)^j\left(\frac{1}{3}\right)^{n-j},\ j=0,\ 1,\ 2,\ \cdots,\ n,\end{aligned}$$

即当 $X(t)+Y(t)=n$ 时,$Y(t)$服从二项分布 $B\left(n,\dfrac{2}{3}\right)$.

因此,当 $X(t)+Y(t)=60$ 时,$Y(t)$服从二项分布 $B\left(60,\ \dfrac{2}{3}\right)$,恰好有 30 位女顾客的概率为 $C_{60}^{30}\left(\dfrac{2}{3}\right)^{30}\left(\dfrac{1}{3}\right)^{30}$,女顾客的平均人数为 $60\times\dfrac{2}{3}=40$ 人.

5.2 泊松过程的性质

5.2.1 泊松过程的数字特征

设 $\{X(t),\ t\geqslant 0\}$ 是参数为 λ 的泊松过程,对任意 $t,\ s\in[0,\ +\infty)$,若 $s<t$,则有

$$E[X(t)-X(s)]=D[X(t)-X(s)]=\lambda(t-s),$$
$$m_X(t)=E[X(t)]=E[X(t)-X(0)]=\lambda t,$$
$$\sigma_X^2(t)=D[X(t)]=D[X(t)-X(0)]=\lambda t.$$

不妨设 $s<t$,则

$$\begin{aligned}R_X(s,\ t)&=E[X(s)(X(t)-X(s)+X(s))]\\&=E[X(s)(X(t)-X(s))]+E[X^2(s)]\\&=E[X(s)]E[X(t)-X(s)]+D(X(s))+(E[X(s)])^2\\&=\lambda s\cdot\lambda(t-s)+\lambda s+(\lambda s)^2=\lambda s(\lambda t+1).\end{aligned}$$

此时

$$C_X(s,\ t)=R_X(s,\ t)-m_X(s)m_X(t)=\lambda s,$$

因此

$$C_X(s,\ t)=\lambda\min(s,\ t).$$

5.2.2 泊松过程的时间间隔与等待时间的分布

设 $\{X(t),\ t\geqslant 0\}$ 是参数为 λ 的泊松过程,$X(t)$表示到时刻 t 为止事件发生的次数. W_n 表示事件 A 第 n 次发生的时间($n\geqslant 1$),也称为事件 A 第 n 次等待时间,或到达时间. T_n 表示事件 A 第 $n-1$ 次发生到第 n 次发生的时间间隔.

等待时间 W_n 与时间间隔 T_n 均为随机变量,且满足 $T_n=W_n-W_{n-1}$, $W_n=\sum\limits_{i=1}^{n}T_i$.

关于时间间隔 T_n 有如下结论:

定理 5.1 设 $\{X(t),\ t\geqslant 0\}$ 是参数为 λ 的泊松过程,$\{T_n,\ n\geqslant 0\}$ 是为事件 A 第 $n-1$次发生到第 n 次发生的时间间隔序列,则时间间隔序列$\{T_n,\ n=1,\ 2,\ \cdots\}$为独立同分布且服从均值为 $1/\lambda$ 的指数分布.

注:时间间隔 T_n 的分布函数为

$$F_{T_n}(t)=P\{T_n\leqslant t\}=\begin{cases}1-\mathrm{e}^{-\lambda t}, & t\geqslant 0,\\0, & t<0.\end{cases}$$

概率密度函数为

$$f_{T_n}(t)=\begin{cases}\lambda \mathrm{e}^{-\lambda t}, & t\geqslant 0,\\ 0, & t<0.\end{cases}$$

证明　(1) 当 $n=1$ 时,事件 $\{T_1>t\}$ 发生当且仅当在$[0, t]$内没有事件发生.

$$P\{T_1>t\}=P\{X(t)=0\}=P\{X(t)-X(0)=0\}=\mathrm{e}^{-\lambda t}.$$

$$F_{T_1}(t)=P\{T_1\leqslant t\}=1-P\{T_1>t\}=1-\mathrm{e}^{-\lambda t}.$$

则 T_1 服从均值为 $1/\lambda$ 的指数分布.

(2) 当 $n=2$ 时,

$$\begin{aligned}P\{T_2>t \mid T_1=s\}&=P\{\text{在}(s, s+t]\text{ 内没有事件发生} \mid T_1=s\}\\&=P\{X(s+t)-X(s)=0 \mid X(s)-X(0)=1\}\\&=P\{X(s+t)-X(s)=0\}=\mathrm{e}^{-\lambda t}.\\F_{T_2}(t)&=P\{T_2\leqslant t\}=1-P\{T_2>t\}=1-\mathrm{e}^{-\lambda t}.\end{aligned}$$

则 T_2 服从均值为 $1/\lambda$ 的指数分布.

(3) 当 $n>2$ 时,

$$\begin{aligned}&P\{T_n>t \mid T_1=s_1, \cdots, T_{n-1}=s_{n-1}\}\\&=P\{X(s_1+s_2+\cdots+s_{n-1}+t)-X(s_1+s_2+\cdots+s_{n-1})=0\}\\&=\mathrm{e}^{-\lambda t}\end{aligned}$$

$$F_{T_n}(t)=P\{T_n\leqslant t\}=1-P\{T_n>t\}=1-\mathrm{e}^{-\lambda t}.$$

则 T_n 服从均值为 $1/\lambda$ 的指数分布.

其逆命题也是成立的.

设 $\{X(t), t\geqslant 0\}$ 表示时间间隔$[0, t]$内某事件出现的次数,且任意两个相邻事件的到达(或出现)的时间间隔序列 $\{T_n, n\geqslant 1\}$ 相互独立且都服从均值为 $1/\lambda$ 的指数分布,则 $\{X(t), t\geqslant 0\}$ 是参数为 λ 的泊松过程(证明略).

下面给出等待(到达)时间 W_n 的分布.

定理 5.2　设 $\{X(t), t\geqslant 0\}$ 是参数为 λ 的泊松过程, $\{W_n, n\geqslant 1\}$ 是相应的等待时间序列,则 W_n 服从参数为 n 与 λ 的 Γ 分布,其概率密度函数为

$$f_{W_n}(t)=\begin{cases}\lambda \mathrm{e}^{-\lambda t}\cdot\dfrac{(\lambda t)^{n-1}}{(n-1)!}, & t\geqslant 0;\\ 0, & t<0,\end{cases}$$

证明　因为

$$\{W_n\leqslant t\}\Leftrightarrow\{(0, t)\text{ 内至少有 } n \text{ 个事件到达}\}=\{X(t)\geqslant n\},$$

$$F_{W_n}(t)=P\{W_n \leqslant t\}=P\{X(t) \geqslant n\}$$
$$=\sum_{j=n}^{\infty} P\{X(t)=j\}=\sum_{j=n}^{\infty} \mathrm{e}^{-\lambda t} \cdot \frac{(\lambda t)^j}{j!}.$$

$$f_{W_n}(t)=\frac{\mathrm{d} F_{W_n}(t)}{\mathrm{d} t}=\sum_{j=n}^{\infty}(-\lambda) \mathrm{e}^{-\lambda t} \cdot \frac{(\lambda t)^j}{j!}+\sum_{j=n}^{\infty} \mathrm{e}^{-\lambda t} j \lambda \frac{(\lambda t)^{j-1}}{j!}$$
$$=-\sum_{j=n}^{\infty} \lambda \mathrm{e}^{-\lambda t} \frac{(\lambda t)^j}{j!}+\sum_{j=n}^{\infty} \lambda \mathrm{e}^{-\lambda t} \frac{(\lambda t)^{j-1}}{(j-1)!}$$
$$=\lambda \mathrm{e}^{-\lambda t} \frac{(\lambda t)^{n-1}}{(n-1)!}.$$

此定理可以采用另外一种证明方法：因为 $W_n=\sum_{i=1}^{n} T_i(n \geqslant 1)$，其中 T_i 为时间间隔，且 $T_1, T_2\cdots$ 相互独立，且都服从均值为 $1/\lambda$ 的指数分布，利用数学归纳法可以证明上述结论.

注：参数为 n 与 λ 的 Γ 分布又称爱尔兰分布，它是 n 个相互独立且服从指数分布的随机变量之和的分布.

例 5.2 设 $\{X_1(t), t \geqslant 0\}$ 和 $\{X_2(t), t \geqslant 0\}$ 是两个相互独立的泊松过程，它们单位时间内平均出现的事件数分别为 λ_1 和 λ_2.记 $W_k^{(1)}$ 为泊松过程 $X_1(t)$ 的第 k 次事件到达时间，记 $W_1^{(2)}$ 为泊松过程 $X_2(t)$ 的第一次事件到达时间. 求 $P\{W_k^{(1)}<W_1^{(2)}\}$，即第 1 个泊松过程的第 k 次事件发生比第二个泊松过程第一次事件发生早的概率.

解 设 $W_k^{(1)}$ 的取值为 x，$W_1^{(2)}$ 的取值为 y，

$$f_{W_k^{(1)}}(x)=\begin{cases}\lambda_1 \mathrm{e}^{-\lambda_1 x} \cdot \dfrac{(\lambda_1 x)^{k-1}}{(k-1)!}, & x \geqslant 0, \\ 0, & x<0,\end{cases}$$

$$f_{W_1^{(2)}}(y)=\begin{cases}\lambda_2 \mathrm{e}^{-\lambda_2 y}, & y \geqslant 0, \\ 0, & y<0,\end{cases}$$

则：

$$P\{W_k^{(1)}<W_1^{(2)}\}=\iint_{D:\, 0<x<y} f(x, y) \mathrm{d} x \mathrm{d} y.$$

其中：$f(x, y)$ 为 $W_k^{(1)}$ 与 $W_1^{(2)}$ 的联合概率密度.

由于 $X_1(t)$ 与 $X_2(t)$ 独立，故 $f(x, y)=f_{W_k^{(1)}}(x) \cdot f_{W_1^{(2)}}(y)$.

$$P\{W_k^{(1)}<W_1^{(2)}\}=\iint_{D:\, 0<x<y} f(x, y) \mathrm{d} x \mathrm{d} y=\int_0^{+\infty} \int_x^{+\infty} \lambda_1 \mathrm{e}^{-\lambda_1 x} \cdot \frac{(\lambda_1 x)^{k-1}}{(k-1)!} \lambda_2 \mathrm{e}^{-\lambda_2 y} \mathrm{d} y \mathrm{d} x$$
$$=\frac{\lambda_1^k}{(k-1)!} \cdot \int_0^{+\infty} x^{k-1} \mathrm{e}^{-(\lambda_1+\lambda_2) x} \mathrm{d} x$$

$$=\frac{\lambda_1^k}{(k-1)!}\cdot\frac{(k-1)!}{(\lambda_1+\lambda_2)^k}$$

$$=\left(\frac{\lambda_1}{\lambda_1+\lambda_2}\right)^k.$$

5.2.3　到达时间 W_n 的条件分布

假设在$[0, t]$内事件 A 已经发生 1 次，考虑这一事件第一次到达时间 W_1 的条件密度函数 $f_{W_1}(s \mid X(t)=1)$.

先考虑：$F_{W_1}(s \mid X(t)=1)=P\{W_1 \leqslant s \mid X(t)=1\}$.

对 $s<0$，有：$F_{W_1}(s \mid X(t)=1)=P\{W_1 \leqslant s \mid X(t)=1\}=0$;

对 $0 \leqslant s<t$，有

$$\begin{aligned}P\{W_1 \leqslant s \mid X(t)=1\} &=\frac{P\{W_1 \leqslant s,\ X(t)=1\}}{P\{X(t)=1\}}\\ &=\frac{P\{X(s)=1,\ X(t)=1\}}{P\{X(t)=1\}}(s<t \Rightarrow X(s) \leqslant X(t)=1)\\ &=\frac{P\{X(s)-X(0)=1,\ X(t)-X(s)=0\}}{P\{X(t)=1\}}\\ &=\frac{P\{X(s)-X(0)=1\} P\{X(t)-X(s)=0\}}{P\{X(t)=1\}}\\ &=\frac{\lambda s \mathrm{e}^{-\lambda s} \cdot \mathrm{e}^{-\lambda(t-s)}}{\lambda t \cdot \mathrm{e}^{-\lambda t}}=\frac{s}{t};\end{aligned}$$

对 $s \geqslant t$，有

$$\begin{aligned}P\{W_1 \leqslant s \mid X(t)=1\} &=\frac{P\{W_1 \leqslant s,\ X(t)=1\}}{P\{X(t)=1\}}\\ &=\frac{P\{X(s) \geqslant 1,\ X(t)=1\}}{P\{X(t)=1\}}\\ &\quad \{X(t)=1\} \subset\{X(s) \geqslant 1\}\\ &=\frac{P\{X(t)=1\}}{P\{X(t)=1\}}\\ &=1.\end{aligned}$$

从而 W_1 的条件分布函数为

$$F_{W_1 \mid X(t)=1}(s)=\begin{cases}0, & s<0, \\ s/t, & 0 \leqslant s<t, \\ 1, & s \geqslant t,\end{cases}$$

则条件密度函数为

$$f_{W_1|X(t)=1}(s)=\begin{cases}1/t, & 0\leqslant s<t,\\ 0, & 其他,\end{cases}$$

即：假设在$[0, t]$内事件 A 发生 1 次，则这一事件到达时间 W_1 服从区间$[0, t]$上的均匀分布. 此结论可进一步推广.

定理 5.3 设$\{X(t), t\geqslant 0\}$是泊松过程，已知在$[0, t]$内事件 A 发生 n 次，则这 n 次事件的到达时间 $W_1<W_2<\cdots<W_n$ 的条件概率密度为

$$f(t_1, t_2, \cdots, t_n)=\begin{cases}\dfrac{n!}{t^n}, & 0<t_1<t_2<\cdots<t_n<t,\\ 0, & 其他.\end{cases}$$

(证明略).

注：可以证明，若随机变量 $X_1, X_2, \cdots, X_n$ 相互独立，都服从$[0, t]$上的均匀分布，则它们的顺序统计量 $X_{(1)}, X_{(2)}, \cdots, X_{(n)}$ 的联合概率密度函数恰好为

$$f(t_1, t_2, \cdots, t_n)=\begin{cases}\dfrac{n!}{t^n}, & 0<t_1<t_2<\cdots<t_n<t,\\ 0, & 其他.\end{cases}$$

直观上，若$[0, t]$内事件 A 发生 n 次，则这 n 次事件到达的时间 $W_1, W_2, \cdots, W_n$(不排序)可以看作 n 个相互独立且都服从$[0, t]$上的均匀分布.

例 5.3 设乘客到达某车站候车的人数服从参数为 λ 的泊松过程，每隔时间 T 开出一辆公共汽车，将站上的乘客全部载走. 现在为了缩短乘客的候车时间，考虑在原来两辆车之间增加一辆，即在$(0, T)$之间选一个时刻 t，在时刻 t 增加的这辆公共汽车将$(0, t)$内到达的全部乘客载走. 如何选择 t，使得$(0, T)$内到达的全部乘客的总平均候车时间最短.

解 计算$(0, t)$内到达乘客的总平均候车时间.

设$(0, t)$内乘客到达车站的人数为 N_t，当 $N_t=n$ 时，每个乘客的到达时间为 $W_i(i=1, 2, \cdots, n)$，候车时间为 $t-W_i(i=1, 2, \cdots, n)$，这些乘客总的等待时间为 $\sum_{i=1}^{n}(t-W_i)$，这 n 个乘客的到达时间 $W_1, W_2, \cdots, W_n$ 可以看作 n 个相互独立且服从$[0, t]$上的均匀分布，其平均候车时间为

$$E((t-W_i)\mid N_t=n)=t-\frac{t}{2}=\frac{t}{2}.$$

则总的平均候车时间为 $E(\sum_{i=1}^{n}(t-W_i)\mid N_t=n)=\dfrac{nt}{2}$.

因此$(0,\ t)$内到达乘客的总平均候车时间为

$$E(\sum_{i=1}^{N_t}(t-W_i))=E(E(\sum_{i=1}^{N_t}(t-W_i)\mid N_t))$$
$$=\sum_{n=1}^{\infty}E(\sum_{i=1}^{n}(t-W_i)\mid N_t=n)P\{N_t=n\}$$
$$=\sum_{n=1}^{\infty}\frac{nt}{2}\cdot\frac{(\lambda t)^n}{n!}\mathrm{e}^{-\lambda t}=\frac{\lambda t^2}{2}\mathrm{e}^{-\lambda t}\sum_{n=1}^{\infty}\frac{(\lambda t)^{n-1}}{(n-1)!}=\frac{\lambda t^2}{2}\mathrm{e}^{-\lambda t}\mathrm{e}^{\lambda t}=\frac{\lambda t^2}{2}.$$

泊松过程的增量满足平稳性,因此在$(t,\ T)$内到达乘客的分布与$(0\ ,\ T-t)$内到达乘客的分布是相同的,即$(t,\ T)$内到达乘客的总平均候车时间为$\dfrac{\lambda(T-t)^2}{2}$.

因此$(0,\ T)$内到达的全部乘客的总平均候车时间为

$$\frac{\lambda t^2}{2}+\frac{\lambda(T-t)^2}{2}=\lambda\left(t-\frac{T}{2}\right)^2+\frac{\lambda}{4}T^2\geqslant\frac{\lambda}{4}T^2.$$

当$t=\dfrac{T}{2}$时,达到最小值,即当$t=\dfrac{T}{2}$时,全部乘客的总平均候车时间最短为$\dfrac{\lambda}{4}T^2$.

例 5.4　设在$[0,\ t]$内事件 A 已经发生 n 次,且 $0<s<t$,对于 $0<k<n$,求 $P\{X(s)=k\mid X(t)=n\}$.

解　
$$P\{X(s)=k\mid X(t)=n\}=\frac{P\{X(s)=k,\ X(t)=n\}}{P\{X(t)=n\}}$$
$$=\frac{P\{X(s)=k,\ X(t)-X(s)=n-k\}}{P\{X(t)=n\}}$$
$$=\frac{P\{X(s)=k\}P\{X(t)-X(s)=n-k\}}{P\{X(t)=n\}}$$
$$=\frac{\mathrm{e}^{-\lambda s}\cdot\dfrac{(\lambda s)^k}{k!}\cdot\mathrm{e}^{-\lambda(t-s)}\cdot\dfrac{[\lambda(t-s)]^{n-k}}{(n-k)!}}{\mathrm{e}^{-\lambda t}\cdot\dfrac{(\lambda t)^n}{n!}}$$
$$=\mathrm{C}_n^k\left(\frac{s}{t}\right)^k\left(1-\frac{s}{t}\right)^{n-k}\text{(二项分布)}.$$

即:假设在$[0,\ t]$内事件 A 已经发生 n 次,则在$[0,\ s]$内事件 A 发生的次数可以看作服从参数为 n,$\dfrac{s}{t}$的二项分布.

例 5.5　设在$[0,\ t]$内事件 A 已经发生 n 次,求第 k 次$(k<n)$事件 A 到达的时间 W_k 的条件概率密度函数.

解　先求条件分布 $P\{s<W_k\leqslant s+h\mid X(t)=n\}$.

$$\begin{aligned}P\{s<W_k\leqslant s+h\mid X(t)=n\}&=\frac{P\{s<W_k\leqslant s+h,\ X(t)=n\}}{P\{X(t)=n\}}\\&=\frac{P\{s<W_k\leqslant s+h,\ X(s+h)=k,\ X(t)=n\}}{P\{X(t)=n\}}\\&\quad(\text{当 }h\text{ 充分小时,有 }X(s+h)=k)\\&=\frac{P\{s<W_k\leqslant s+h,\ X(t)-X(s+h)=n-k\}}{P\{X(t)=n\}}\\&=\frac{P\{s<W_k\leqslant s+h\}P\{X(t)-X(s+h)=n-k\}}{P\{X(t)=n\}}\\&=[F_{W_k}(s+h)-F_{W_k}(s)]\cdot\\&\quad\frac{P\{X(t)-X(s+h)=n-k\}}{P\{X(t)=n\}}.\end{aligned}$$

两边同时除以 h,令 $h\to 0$,则有

$$\begin{aligned}f_{W_k|X(t)}(s\mid n)&=\lim_{h\to 0}\frac{F_{W_k}(s+h)-F_{W_k}(s)}{h}\cdot\frac{P\{X(t)-X(s+h)=n-k\}}{P\{X(t)=n\}}\\&=f_{W_k}(s)\cdot\frac{P\{X(t)-X(s)=n-k\}}{P\{X(t)=n\}}\\&=\lambda e^{-\lambda s}\cdot\frac{(\lambda s)^{k-1}}{(k-1)!}\cdot\frac{e^{-\lambda(t-s)}\dfrac{[\lambda(t-s)]^{n-k}}{(n-k)!}}{e^{-\lambda t}\dfrac{(\lambda t)^n}{n!}}\\&=\frac{n!}{(k-1)!(n-k)!}\frac{s^{k-1}}{t^k}\cdot\left(1-\frac{s}{t}\right)^{n-k}\ (\text{Bata}).\end{aligned}$$

5.3 泊松过程的推广

在实际问题中,事件发生的强度可能随时间 t 而变化,由此需要把泊松过程进行相应的推广.

5.3.1 非齐次泊松过程

定义 5.3 称计数过程 $\{X(t),\ t\geqslant 0\}$ 为具有强度函数 $\lambda(t)$ 的非齐次泊松过程.如果满足:

(1) $X(0)=0$;

(2) $X(t)$是独立增量过程;

(3) $P\{X(t+h)-X(t)=1\}=\lambda(t)\cdot h+o(h)$;

$P\{X(t+h)-X(t)\geqslant 2\}=o(h)$.

对于非齐次泊松过程，平稳增量性不再具有，即 $X(t+h)-X(t)$ 不但与时间间隔 h 有关，也与起点 t 有关.如果 $\lambda(t)\equiv\lambda$（常数），则非齐次泊松过程就成为齐次泊松过程.

可知：$m_X(t)=\int_0^t\lambda(s)\mathrm{d}s$ 称为非齐次过程的均值函数.

定理 5.4 设 $\{X(t),\ t\geqslant 0\}$ 为具有均值函数 $m_X(t)=\int_0^t\lambda(s)\mathrm{d}s$ 的非齐次泊松过程，则

$$P\{X(t+s)-X(t)=n\}=\frac{[m_X(t+s)-m_X(t)]^n}{n!}\mathrm{e}^{-[m_X(t+s)-m_X(t)]}.$$

特别：$P\{X(t)=n\}=\dfrac{[m_X(t)]^n}{n!}\mathrm{e}^{-m_X(t)}(n\geqslant 0)$.

证明方法与齐次泊松过程类似.

由定理 5.4 知：$X(t+s)-X(t)$ 服从参数为 $m_X(t+s)-m_X(t)=\int_t^{t+s}\lambda(u)\mathrm{d}u$ 的泊松分布，$X(t)$服从参数为 $m_X(t)=\int_0^t\lambda(s)\mathrm{d}s$ 的泊松分布.

例 5.6 设 $\{X(t),\ t\geqslant 0\}$ 是具有强度 $\lambda(t)=\frac{1}{2}(1+\cos wt)$，$w\neq 0$ 的非齐次泊松过程，求 $EX(t)$，$DX(t)$.

解 $EX(t)=DX(t)=m_X(t)=\int_0^t\lambda(s)\mathrm{d}s=\int_0^t\frac{1}{2}(1+\cos ws)\mathrm{d}s$

$$=\frac{1}{2}\left(t+\frac{1}{w}\sin wt\right).$$

例 5.7 某路公共汽车从早晨 5 时到晚上 9 时有车发出，乘客流量如下：5 时按平均乘客为 200 人/h 计算；5 时至 8 时乘客平均到达率线性增加，8 时到达率为 1 400 人/h；8 时至 18 时保持平均到达率不变；18 时到 21 时到达率线性下降，到 21 时为 200 人/h.假定乘客数在不重叠的区间内是相互独立的，求 17 时至 19 时有 2 000 人乘车的概率，并求这两个小时内来车站乘车人数的数学期望.

解 设 $t=0$ 为早晨 5 时，$t=16$ 为晚上 9 时，则

$$\lambda(t)=\begin{cases}200+400t, & 0\leqslant t\leqslant 3,\\ 1\,400, & 3<t\leqslant 13,\\ 1\,400-400(t-13), & 13<t\leqslant 16.\end{cases}$$

17 时至 19 时为 $t\in[12,\ 14]$，在$[0,\ t]$内到达的乘客人数 $X(t)$服从参数为 $\lambda(t)$的非齐次泊松过程.

17 时至 19 时乘车人数的数学期望为

$$
\begin{aligned}
E[X(14)-X(12)] &= m_X(14)-m_X(12) \\
&= \int_{12}^{14}\lambda(s)\mathrm{d}s \\
&= \int_{12}^{13}1\,400\mathrm{d}s+\int_{13}^{14}1\,400-400(t-13)\mathrm{d}s \\
&= 2\,600.
\end{aligned}
$$

17 时至 19 时有 2 000 人来车站乘车的概率为

$$
P\{X(14)-X(12)=2\,000\}=\mathrm{e}^{-2\,600}\cdot\frac{(2\,600)^{2\,000}}{2\,000!}.
$$

5.3.2 复合泊松过程

定义 5.4 设 $\{N(t),\ t\geqslant 0\}$ 是强度为 λ 的泊松过程，$\{Y_k,\ k=1,\ 2,\ \cdots\}$ 是一列独立同分布随机变量，且与 $\{N(t),\ t\geqslant 0\}$ 独立，令 $X(t)=\sum\limits_{k=1}^{N(t)}Y_k,\ t\geqslant 0$，则称为复合泊松过程.

如果泊松过程 $\{N(t),\ t\geqslant 0\}$ 表示粒子流，即 $N(t)$ 为 $(0,\ t)$ 内到达的粒子数，Y_k 表示第 k 个到达粒子的能量，则：$X(t)=\sum\limits_{k=1}^{N(t)}Y_k$ 表示 $(0,\ t)$ 内到达粒子的总能量.

如果 $N(t)$ 表示在 $[0,\ t]$ 内来到某商店的顾客数，Y_k 表示第 k 个顾客在该商店的花费，则 $X(t)=\sum\limits_{k=1}^{N(t)}Y_k$ 表示商店在 $[0,\ t]$ 内的总营业额.

由定义可以看出，$X(t)$ 不一定是计数过程，因而复合泊松过程不一定是泊松过程.

定理 5.5 设 $X(t)=\sum\limits_{k=1}^{N(t)}Y_k,\ t\geqslant 0$ 是复合泊松过程，则

(1) $\{X(t),\ t\geqslant 0\}$ 是独立增量过程；

(2) $X(t)$ 的特征函数 $g_{X(t)}(u)=\mathrm{e}^{\lambda t[g_Y(u)-1]}$，$\lambda$ 是事件的到达率，$g_Y(u)$ 是随机变量的特征函数；

(3) 若 $E(Y_1^2)<\infty$，则 $E[X(t)]=\lambda tE(Y_1)$，$D[X(t)]=\lambda tE(Y_1^2)$.

注：泊松过程的特征函数为

$$
\begin{aligned}
g_X(u) &= E(\mathrm{e}^{iuX(t)})=\sum_{n=0}^{\infty}\mathrm{e}^{iun}\cdot P\{X(t)=n\}=\sum_{n=0}^{\infty}\mathrm{e}^{iun}\cdot\mathrm{e}^{-\lambda t}\cdot\frac{(\lambda t)^n}{n!} \\
&= \mathrm{e}^{-\lambda t}\sum_{n=0}^{\infty}\frac{(\lambda t\mathrm{e}^{iu})^n}{n!}=\mathrm{e}^{-\lambda t}\mathrm{e}^{\lambda t\mathrm{e}^{iu}}=\mathrm{e}^{\lambda t(\mathrm{e}^{iu}-1)}.
\end{aligned}
$$

证明 (1) 令 $0 \leqslant t_0 \leqslant t_1 \leqslant \cdots \leqslant t_n$，则 $X(t_k) - X(t_{k-1}) = \sum\limits_{i=N(t_{k-1})+1}^{N(t_k)} Y_i$，$k=1, 2, \cdots, m$.

由泊松过程 $\{N(t), t \geqslant 0\}$ 的独立增量性和 $\{Y_k, k=1, 2\cdots\}$ 之间的独立性，可以验证$X(t)$具有独立增量性.

(2)
$$
\begin{aligned}
g_{X(t)}(u) &= E[\mathrm{e}^{iuX(t)}] = E\{E[\mathrm{e}^{iuX(t)} \mid N(t)]\} \\
&= \sum_{n=0}^{\infty} E[\mathrm{e}^{iuX(t)} \mid N(t)=n] \cdot P\{N(t)=n\} \\
&= \sum_{n=0}^{\infty} E[\mathrm{e}^{iu\sum\limits_{k=1}^{N(t)} Y_k} \mid N(t)=n] \cdot \mathrm{e}^{-\lambda t} \cdot \frac{(\lambda t)^n}{n!} \\
&= \sum_{n=0}^{\infty} E[\mathrm{e}^{iu\sum\limits_{k=1}^{n} Y_k}] \cdot \mathrm{e}^{-\lambda t} \cdot \frac{(\lambda t)^n}{n!} \\
&= \sum_{n=0}^{\infty} [g_{Y_1}(u)]^n \mathrm{e}^{-\lambda t} \cdot \frac{(\lambda t)^n}{n!} \\
&= \mathrm{e}^{-\lambda t} \cdot \sum_{n=0}^{\infty} \frac{(\lambda t g_{Y_1}(u))^n}{n!} = \mathrm{e}^{\lambda t[g_{Y_1}(u)-1]}.
\end{aligned}
$$

注：$g_{Y_1}(u) = E[\mathrm{e}^{iuY_1}]$.

(3) $g_{X(t)}(u) = \mathrm{e}^{\lambda t[g_{Y_1}(u)-1]}$,

$$
\begin{aligned}
EX(t) &= g'_{X(t)}(u)/i \mid_{u=0} = \frac{\lambda t g'_{Y_1}(u) \mathrm{e}^{\lambda t[g_{Y_1}(u)-1]}}{i} \mid_{u=0} \\
&= \lambda t \frac{g'_{Y_1}(0)}{i} \mathrm{e}^{\lambda t[g_{Y_1}(0)-1]} = \lambda t E(Y_1)(g_{Y_1}(0)=1).
\end{aligned}
$$

$$
\begin{aligned}
E[(X(t))^2] &= \frac{g''_{X(t)}(u)}{i^2} \mid_{u=0} = \left\{ \frac{\lambda t g''_Y(u) \mathrm{e}^{\lambda t[g_Y(u)-1]}}{i^2} + \frac{[\lambda t g'_Y(u)]^2 \mathrm{e}^{\lambda t[g_Y(u)-1]}}{i^2} \right\} \mid_{u=0} \\
&= \lambda t \frac{g''_Y(0)}{i^2} + (\lambda t)^2 \left[\frac{g'_Y(0)}{i} \right]^2.
\end{aligned}
$$

$$
E[(X(t))^2] = \lambda t E(Y_1^2) + [\lambda t E(Y_1)]^2.
$$

$$
\begin{aligned}
D[X(t)] &= E[(X(t))^2] - [EX(t)]^2 \\
&= \lambda t E[Y_1^2] + [\lambda t E(Y_1)]^2 - [\lambda t E(Y_1)]^2 \\
&= \lambda t E(Y_1^2).
\end{aligned}
$$

例 5.8 设顾客每天进某商场的人数服从参数为 600 的泊松过程，每个顾客在该商店所花的钱数相互独立，都服从[0, 3 000]内的均匀分布.求商场一周营业额的期望和方差.

解 令 $N(t)$表示$[0, t]$内来到某商场的顾客数，Y_k 是第k 个顾客的花费，则$X(t)=$

$\sum_{k=1}^{N(t)} Y_k$ 表示$[0, t]$内的总营业额.

$$E(Y_1)=\frac{3\,000}{2}=1\,500,\ E(Y_1^2)=(EY_1)^2+D(Y_1)=1\,500^2+\frac{3\,000^2}{12}=3\times10^6.$$

$$E[X(7)]=7\lambda E(Y_1)=7\times600\times1\,500=6.3\times10^6.$$

$$D[X(7)]=7\lambda E(Y_1^2)=7\times600\times3\times10^6=1.26\times10^{10}.$$

习题

1. 设 X, Y 是两个独立的服从速率为 λ 的泊松随机变量,试求:

(1) $\xi=X+Y$ 的特征函数;

(2) $p=P\{X=m \mid X+Y=n\}(n\geqslant m)$.

2. 设 $\{X(t),\ t\geqslant0\}$ 是速率为 λ 的泊松过程,试对 $s>0$, 求 $E[X(t)X(t+s)]$.

3. 假定某天文台观察到的流星流是一个泊松过程,据以往资料统计为每小时平均观察到 3 颗流星,试求:

(1) 在上午 8 点到 12 点期间,该天文台没有观察到流星的概率;

(2) 下午(12 点以后)该天文台观察到第一颗流星的时间的分布函数.

4. 甲、乙两路公共汽车都通过某一车站,两路公共汽车的到达分别独立地服从 10 分一辆(甲),15 分一辆(乙)的泊松分布.假定车总不会满员.试问:

(1) 可乘坐甲或乙两路公共汽车的乘客在此车站所需等待时间的概率分布及其均值;

(2) 只可乘坐乙路公共汽车的乘客在此车站等车的时候,恰好有两辆甲路公共汽车通过的概率.

5. 某镇有一个小商店,每日 8 时开始营业,从 8~11 时顾客平均到达率线性增加,8 时顾客平均到达率为 5 人/h;11 时到达率达最高峰 20 人/h,从 11~13 时顾客平均到达率不变,为 20 人/h,从 13~17 时,顾客到达率线性下降,17 时的顾客到达率为 12 人/h.假定在不重叠的时间间隔内到达商店的顾客数是相互独立的.问:在 8:30~9:30 间无顾客到达商店的概率是多少?在这段时间内到达商店的数学期望是多少?

6. 设 $\{X(t),\ t\geqslant0\}$ 是速率为 λ 的泊松过程,试证:

(1) $X(t)$的特征函数为 $\varphi(v)=\mathrm{e}^{\lambda t(\mathrm{e}^{jv}-1)}$;

(2) 当 $t_2>t_1>0$ 时,对任意两整数 m, n,有:$P\{X(t_1)=m,\ X(t_2)=m+n\}=\lambda^{m+n}\cdot\dfrac{t_1^m(t_1-t_2)^n}{m!n!}\mathrm{e}^{-\lambda t_2}$.

第6章

鞅过程

鞅一词来源于法文 martingale 的意译,原意是指马的龙套或者船的索具,在龙套的控制下,马的头可以随意活动,但马头下一个最有可能的位置是它现在所在的位置.换句话说,使得“马头运动”这样一个随机过程具备了“当前是未来最佳估计”的性质.而现在指的是一种逢输就“加倍赌注”的一种恶性赌博方法.我们假设赌局是公平的,即输、赢概率各占一半.在公平赌博中,用 $Z(t)$ 表示某一赌徒 t 时刻所拥有的本金,那么 $\{Z(t), t>0\}$ 为鞅过程,也就是说无论该赌徒在 $s(s<t)$ 时刻以后的赌博中如何利用他在 s 时刻之前所取得的经验,所能期望在将来 t 时刻拥有的本金只能是 $Z(s)$,即赌博的期望收益为 0,维持原有的财富水平不变,因此我们可用“公平赌博”来直观诠释“鞅”.

在金融理论中,鞅过程指的是根据目前所得的信息对未来某个资产价格的最好预期就是资产的当前价格.在新的概率分布条件下,所有资产价格经过无风险利率贴现之后为一个鞅过程,鞅性代表了金融市场的有效性.换句话说,在有效市场假设下,股票不可能被人操纵,在市场上信息畅通,机会平等,股票价格可以看成是鞅过程.

6.1 离散鞅的定义

鞅这个术语最早在 20 世纪 30 年代由威勒(Ville)引进,法国概率学家列维(Levy)给出了鞅的基本概念,后来美国数学家杜布(Doob)把鞅理论进一步发扬光大.下面给出离散鞅的数学定义.

定义 6.1 设 $\{X_n, n\geqslant 0\}$ 是一个离散参数随机变量序列,若对一切 n 有:

(1) $E|X_n|<\infty$;

(2) $E(X_{n+1}|X_0, X_1, \cdots, X_n)=X_n$.

则称 $\{X_n, n\geqslant 0\}$ 是鞅.

此时 $EX_{n+1}=EX_n=EX_{n-1}\cdots=EX_0$,即随机变量序列具有相同的均值.

若
$$E(X_{n+1}|X_0, X_1, \cdots, X_n)\leqslant X_n,$$
则称 $\{X_n, n\geqslant 0\}$ 是上鞅.

此时 $EX_{n+1} \leqslant EX_n \leqslant EX_{n-1} \cdots \leqslant EX_0$，即随机变量序列均值递减.

若
$$E(X_{n+1} \mid X_0, X_1, \cdots, X_n) \geqslant X_n,$$
则称 $\{X_n, n \geqslant 0\}$ 是下鞅.

此时 $EX_{n+1} \geqslant EX_n \geqslant EX_{n-1} \cdots \geqslant EX_0$，即随机变量序列均值递增.

直观上，如果一个随机变量序列没有表现出趋势性称之为鞅，若一直趋向上升称为下鞅，反之称为上鞅.因此按平均趋势公平进行的博弈资金变化序列是鞅序列，按平均趋势必赢(输)的博弈资金变化序列是下(上)鞅序列.

例 6.1 设在直线整数点上运动的粒子，当它处于位置 i 时，向右移动到位置 $i+1$ 的概率为 p，向左移动到位置 $i-1$ 的概率为 $q=1-p$，设初始时刻粒子处在原点，即 $X_0=0$，则粒子在时刻 n 所处的位置 X_n，$n=0, 1, 2\cdots$ 是一个时齐的马尔可夫链，其状态空间 $S=\{0, \pm 1, \pm 2 \cdots\}$，一步转移概率为

$$p_{ij}=\begin{cases} p & j=i+1, \\ q & j=i-1, \\ 0 & |i-j|>1, \end{cases} \qquad i, j=0, \pm 1, \pm 2\cdots$$

则：

当 $p=q$ 时，$\{X_n, n \geqslant 0\}$ 为鞅过程(随机游动模型)；

当 $p \leqslant q$ 时，$\{X_n, n \geqslant 0\}$ 为上鞅；

当 $p \geqslant q$ 时，$\{X_n, n \geqslant 0\}$ 为下鞅.

证明 令 Z_n 为第 n 个时刻粒子移动的距离，则：

$$P\{Z_n=1\}=p,\ P\{Z_n=-1\}=q,\ EZ_n=p-q,\ X_{n+1}=X_n+Z_{n+1}.$$

$$\begin{aligned} E(X_{n+1} \mid X_0, X_1, \cdots, X_n) &= E(X_n+Z_{n+1} \mid X_0, X_1, \cdots, X_n) \\ &= E(X_n \mid X_0, X_1, \cdots, X_n)+E(Z_{n+1} \mid X_0, X_1, \cdots, X_n) \\ &= X_n+EZ_{n+1}=X_n+p-q. \end{aligned}$$

当 $p=q$ 时，$E(X_{n+1} \mid X_0, X_1, \cdots, X_n)=X_n$(鞅)；

当 $p \leqslant q$ 时，$E(X_{n+1} \mid X_0, X_1, \cdots, X_n) \leqslant X_n$(上鞅)；

当 $p \geqslant q$ 时，$E(X_{n+1} \mid X_0, X_1, \cdots, X_n) \geqslant X_n$(下鞅).

可以验证：均值为 0 的相互独立随机变量和(随机徘徊)为鞅，均值为 1 的相互独立随机变量积为鞅.

例 6.2 设 $\{X_n, n \geqslant 0\}$ 为相互独立随机变量序列且 $EX_n=0$，$E|X_n|<\infty$，令 $Y_n=\sum_{i=0}^{n} X_i$，则 Y_n 是鞅.

证明

$$E(Y_{n+1} \mid Y_0, Y_1, \cdots, Y_n)=E(Y_n+X_{n+1} \mid Y_0, Y_1, \cdots, Y_n)$$

$$
\begin{aligned}
&= E(Y_n \mid Y_0, Y_1, \cdots, Y_n) + E(X_{n+1} \mid Y_0, Y_1, \cdots, Y_n) \\
&= Y_n + EX_{n+1} = Y_n.
\end{aligned}
$$

进一步,若 $DX_n \equiv \sigma^2$,令 $Z_n = Y_n^2 - DY_n = Y_n^2 - n\sigma^2$,则 Z_n 也是鞅.

因为

$$
\begin{aligned}
E(Z_{n+1} \mid Z_0, Z_1, \cdots, Z_n) &= E(Y_{n+1}^2 - (n+1)\sigma^2 \mid Z_0, Z_1, \cdots, Z_n) \\
&= E((Y_n + X_{n+1})^2 - (n+1)\sigma^2 \mid Z_0, Z_1, \cdots, Z_n) \\
&= E(Y_n^2 + 2Y_nX_{n+1} + X_{n+1}^2 - (n+1)\sigma^2 \mid Z_0, Z_1, \cdots, Z_n) \\
&= Y_n^2 + 2Y_nE(X_{n+1} \mid Z_0, Z_1, \cdots, Z_n) + EX_{n+1}^2 - (n+1)\sigma^2 \\
&= Y_n^2 - n\sigma^2 \\
&= Z_n.
\end{aligned}
$$

若 $EX_n = 1$,令 $Y_n = \prod_{i=0}^{n} X_i$,则 Y_n 是鞅.

因为

$$
\begin{aligned}
E(Y_{n+1} \mid Y_0, Y_1, \cdots, Y_n) &= E(Y_n \times X_{n+1} \mid Y_0, Y_1, \cdots, Y_n) \\
&= E(Y_n \mid Y_0, Y_1, \cdots, Y_n) \times E(X_{n+1} \mid Y_0, Y_1, \cdots, Y_n) \\
&= Y_nEX_{n+1} = Y_n.
\end{aligned}
$$

例 6.3(波利亚(Polya)坛子抽样模型) 假设一个坛子中装有红、黄两种颜色的球各一个,每次取出一个球,观察其颜色之后放回去,然后再放入一个与所取同颜色的球,在 n 次取球之后,坛子里有 $n+2$ 个球,令 X_n 表示第 n 次抽取之后坛子中红球的个数,其中 $X_0 = 1$, 则 $\{X_n, n \geqslant 0\}$ 是一个非齐次的马尔可夫链,其一步转移概率为

$$
p_{ij}(n) = P\{X_{n+1} = j \mid X_n = i\} = \begin{cases} \dfrac{i}{n+2}, & j = i+1, \\ 1 - \dfrac{i}{n+2}, & j = i, \\ 0. \end{cases}
$$

可以验证 $Z_n = \dfrac{X_n}{n+2}$ (第 n 次抽取之后红球所占的比例)是鞅.

证明 由转移概率得

$$
E(X_{n+1} \mid X_n = i) = (i+1)\frac{i}{n+2} + i\left(1 - \frac{i}{n+2}\right) = \left(1 + \frac{1}{n+2}\right)i.
$$

因而

$$
E(X_{n+1} \mid X_n) = \left(1 + \frac{1}{n+2}\right)X_n,
$$

所以

$$
\begin{aligned}
E(Z_{n+1} \mid Z_1, Z_2, \cdots, Z_n) &= E\left(\frac{X_{n+1}}{n+1+2} \mid X_1, X_2, \cdots, X_n\right) \\
&= E\left(\frac{X_{n+1}}{n+1+2} \mid X_n\right) (X_n \text{ 是马尔可夫链}) \\
&= \frac{1}{n+1+2} E(X_{n+1} \mid X_n) \\
&= \frac{1}{n+1+2}\left(1+\frac{1}{n+2}\right) X_n \\
&= \frac{X_n}{n+2} = Z_n .
\end{aligned}
$$

Polya 模型可以用来描述群体增值和传染病的传播等现象.

6.2 停时与停时定理

停时(Stopping time)是一个不依赖于“将来”的随机时间,停时在金融领域中有广泛的应用.例如某投资者购买了一份美式期权,在到期日之前的任何一天都可以实施期权,在第 n 天投资者是否实施期权,取决于投资者对第 n 时刻及以前所得的信息,因此实施期权的时间可以看作是“停时”.

定义 6.2 设 $\{X_n, n \geqslant 0\}$ 是一个随机变量序列,若随机变量 T 的取值为非负整数值,并且对任意的 $n \geqslant 0$,事件 $\{T=n\}$ 完全由 $X_0, X_1, \cdots, X_n$ 确定,则随机变量 T 称为关于 $\{X_n, n \geqslant 0\}$ 的停时.

由定义 6.2,若 T 是关于 $\{X_n, n \geqslant 0\}$ 的停时,则事件 $\{T \leqslant n\}$,$\{T \geqslant n\}$ 也由 X_0, $X_1, \cdots, X_n$ 确定.

直观意义:设博弈参与者根据事先设计好的策略在每一个时刻决定继续博弈还是退出博弈,例如,当赌本输光时退出或超过赌本的 50%时退出等,这些退出的时刻 T 是一个随机时刻(随机变量),随机事件 $\{T=n\}$ 表示博弈者在时刻 n 退出,由参与者在时刻 n 及 n 以前的博弈情况完全确定.因此,退出博弈的时刻 T 就是一个停时.

例如,设 $\{X_n, n=0, 1, 2\cdots\}$ 是齐次马尔可夫链,状态空间为 S,对任意的 $j \in S$, $T_j=\min\{n \mid n \geqslant 1, X_n=j\}$ 为马尔可夫链首次到达状态 j 的时间(首达时),则 T_j 是停时.因为 $\{T_j=n\}=\{X_n=j, \forall\, 0 \leqslant k \leqslant n-1, X_k \neq j\}$,即$\{T_j=n\}$ 完全由 $X_0, X_1, \cdots$, X_n 所确定.

由停时的直观意义,容易得出下面的结论:

设 T_1, T_2 为停时,则 $T_1 \wedge n$, T_1+T_2, $T_1 \wedge T_2=\min\{T_1, T_2\}$, $T_1 \vee T_2=\max\{T_1, T_2\}$ 都为停时.

借助鞅序列所描述的博弈在平均意义下是公平的，即对任意时刻 n，$EX_n=EX_0$，那么鞅序列在任意停时 T 停止的博弈是否在平均意义下也是公平的，即 $EX_T=EX_0$ 是否成立呢？这个结论在一般情况下不一定成立，但当 T 有界（博弈者确定在某一时刻之前肯定停止博弈）时，结论成立，即 $EX_T=EX_0$，这也是鞅停时定理的特殊情况.但对于一般的停时 T 有如下结论：

定理 6.1　设 $\{X_n, n=0, 1, 2, \cdots\}$ 是鞅，T 是关于 $\{X_n, n=0, 1, 2, \cdots\}$ 的停时，则对任意的 $n\geqslant 0$，有

$$EX_n=EX_{T\wedge n}=EX_0.$$

证明

$$\begin{aligned}X_{T\wedge n}&=X_{T\wedge n}I_{\{T<n\}}+X_{T\wedge n}I_{\{T\geqslant n\}}\\&=X_T I_{\{T<n\}}+X_n I_{\{T\geqslant n\}}\\&=\sum_{k=0}^{n-1}X_k I_{\{T=k\}}+X_n I_{\{T\geqslant n\}}.\end{aligned}$$

其中

$$I_{\{T<n\}}=\begin{cases}1, & T<n,\\0, & T\geqslant n,\end{cases}$$

因此

$$EX_{T\wedge n}=\sum_{k=0}^{n-1}EX_k I_{\{T=k\}}+EX_n I_{\{T\geqslant n\}}.$$

而

$$\begin{aligned}EX_n I_{\{T=k\}}&=E(E(X_n I_{\{T=k\}}\mid X_0, X_1, \cdots, X_k))\\&=E(I_{\{T=k\}}E(X_n\mid X_0, X_1, \cdots, X_k)\\&=EX_k I_{\{T=k\}}.\end{aligned}$$

所以

$$\begin{aligned}EX_{T\wedge n}&=\sum_{k=0}^{n-1}EX_n I_{\{T=k\}}+EX_n I_{\{T\geqslant n\}}\\&=EX_n I_{\{T<n\}}+EX_n I_{\{T\geqslant n\}}=EX_n.\end{aligned}$$

同理可证明：如果 $\{X_n, n=0, 1, 2, \cdots\}$ 是上鞅，T 是关于 $\{X_n, n=0, 1, 2, \cdots\}$ 的停时，则对任意的 $n\geqslant 0$，有

$$EX_n\leqslant EX_{T\wedge n}\leqslant EX_0.$$

定理 6.2　如果 $\{X_n, n=0, 1, 2, \cdots\}$ 是鞅列，T 是关于 $\{X_n, n=0, 1, 2, \cdots\}$ 的停时，则对任意的 $n\geqslant 0$，$\{X_{T\wedge n}, n=0, 1, 2, \cdots\}$ 也是鞅列.

证明 因为

$$\begin{aligned}X_{T\wedge n}&=X_{T\wedge n}I_{\{T<n\}}+X_{T\wedge n}I_{\{T=n\}}+X_{T\wedge n}I_{\{T\geqslant n+1\}}\\&=X_TI_{\{T<n\}}+X_nI_{\{T=n\}}+X_nI_{\{T\geqslant n+1\}}.\end{aligned}$$

$$\begin{aligned}X_{T\wedge n+1}&=X_{T\wedge n+1}I_{\{T<n\}}+X_{T\wedge n+1}I_{\{T=n\}}+X_{T\wedge n+1}I_{\{T\geqslant n+1\}}\\&=X_TI_{\{T<n\}}+X_nI_{\{T=n\}}+X_{n+1}I_{\{T\geqslant n+1\}}\\&=X_{T\wedge n}-X_nI_{\{T\geqslant n+1\}}+X_{n+1}I_{\{T\geqslant n+1\}}\\&=X_{T\wedge n}+(X_{n+1}-X_n)I_{\{T\geqslant n+1\}}.\end{aligned}$$

$$\begin{aligned}E(X_{T\wedge n+1}\mid X_0,X_1,X_2,\cdots,X_n)&=E(X_{T\wedge n}+(X_{n+1}-X_n)I_{\{T\geqslant n+1\}}\mid X_0,X_1,X_2,\cdots,X_n)\\&=X_{T\wedge n}+I_{\{T\geqslant n+1\}}E(X_{n+1}-X_n\mid X_0,X_1,X_2,\cdots,X_n)\\&=X_{T\wedge n}.\end{aligned}$$

其中 $E(X_{n+1}-X_n\mid X_0,X_1,X_2,\cdots,X_n)=0$.

所以

$$\begin{aligned}&E(X_{T\wedge n+1}\mid X_{T\wedge 0},X_{T\wedge 1},X_{T\wedge 2},\cdots,X_{T\wedge n})\\=&E(E(X_{T\wedge n+1}\mid X_0,X_1,X_2,\cdots,X_n,X_{T\wedge 0},X_{T\wedge 1},X_{T\wedge 2},\cdots,X_{T\wedge n})\mid\\&X_{T\wedge 0},X_{T\wedge 1},X_{T\wedge 2},\cdots,X_{T\wedge n})\\=&E(E(X_{T\wedge n+1}\mid X_0,X_1,X_2,\cdots,X_n)\mid X_{T\wedge 0},X_{T\wedge 1},X_{T\wedge 2},\cdots,X_{T\wedge n})\\=&E(X_{T\wedge n}\mid X_{T\wedge 0},X_{T\wedge 1},X_{T\wedge 2},\cdots,X_{T\wedge n})=X_{T\wedge n}.\end{aligned}$$

故 $\{X_{T\wedge n},n=0,1,2,\cdots\}$ 是鞅列.

借助于定理 6.1 可以得到一般情况下的停时定理.

定理 6.3(鞅停时定理) 设 $\{X_n,n=0,1,2\cdots\}$ 是鞅,T 是关于 $\{X_n,n=0,1,2\cdots\}$ 的停时,若满足:

(1) $P\{T<+\infty\}=1$;

(2) $E\mid X_T\mid<+\infty$;

(3) $\lim\limits_{n\to\infty}E(X_nI_{\{T>n\}})=0$(直观上,当 n 很大时,对具有较大 T 值的样本点对鞅列 $\{X_n,n=0,1,2,\cdots\}$ 的贡献几乎为 0).

则 $EX_T=EX_0$.

证明

$$\begin{aligned}EX_T&=EX_TI_{\{T\leqslant n\}}+EX_TI_{\{T>n\}}\\&=EX_{T\wedge n}I_{\{T\leqslant n\}}+EX_TI_{\{T>n\}}\\&=EX_{T\wedge n}(1-I_{\{T>n\}})+EX_TI_{\{T>n\}}\\&=EX_{T\wedge n}-EX_nI_{\{T>n\}}+EX_TI_{\{T>n\}}.\end{aligned}$$

由定理 6.1

$$EX_{T\wedge n}=EX_0.$$

另外

$$
\begin{aligned}
EX_T &= EX_T I_{\{T \leqslant n\}} + EX_T I_{\{T > n\}} \\
&= E(E(X_T I_{\{T \leqslant n\}} \mid T)) + EX_T I_{\{T > n\}} \\
&= \sum_{k=0}^{n} E(X_T \mid T = k) P\{T = k\} + EX_T I_{\{T > n\}}.
\end{aligned}
$$

当 $n \to \infty$ 时，

$$
\sum_{k=0}^{n} E(X_T \mid T = k) P\{T = k\} \to \sum_{k=0}^{\infty} E(X_T \mid T = k) P\{T = k\} = EX_T.
$$

所以

$$
EX_T I_{\{T > n\}} \to 0.
$$

由定理假设(3)

$$
E(X_n I_{\{T > n\}}) \to 0,
$$

所以

$$
EX_T = \lim_{n \to \infty} EX_{T \wedge n} = EX_0.
$$

停时定理表明了当满足一定条件时，在停时上退出博弈的平均资金与开始时的平均资金仍然是相同的，同样体现了博弈的公平性.

例 6.4　设 X_n 是 $\{0, 1, 2, \cdots, N\}$ 上的简单随机游动模型$\left(\text{向左或向右移动一步的概率均为}\frac{1}{2}\right)$，并且 0 和 N 为两个吸收壁.设 $X_0 = a$，则 X_n 是鞅$\Big(X_n$ 可以表示成均值为 0 的相互独立随机变量和，即 $X_n = a + \sum_{k=1}^{n} M_k$，其中 $P\{M_k = 1\} = \frac{1}{2}$，$P\{M_k = -1\} = \frac{1}{2}$ 且相互独立$\Big)$.

令

$$
T = \min\{n \mid X_n = 0 \text{ 或 } X_n = N\},
$$

则 T 是停时，求停时 T 的平均值 ET.

解　X_T 的取值只有两个 0 或 N，且

$$
EX_T = 0 \times P\{X_T = 0\} + N \times P\{X_T = N\} = N \cdot P\{X_T = N\},
$$

由鞅的停时定理

$$
EX_T = EX_0 = a,
$$

所以

$$P\{X_T=N\}=\frac{a}{N},$$

即吸收在 N 点上的概率为$\frac{a}{N}$.

由例 6.2, $Z_n=X_n^2-DX_n=X_n^2-n$ 也是鞅.由鞅的停时定理得

$$EZ_T=EZ_0=EX_0^2=a^2,$$

$$\begin{aligned}EZ_T&=E(X_T^2-T)=EX_T^2-ET\\&=0^2\times P\{X_T=0\}+N^2\times P\{X_T=N\}-ET\\&=aN-ET=a^2,\end{aligned}$$

所以

$$ET=aN-a^2=a(N-a),$$

即为停止之前所需要的平均时间.

借助例 6.4 可以计算赌徒输光模型中的赌局平均持续的时间(**平均输光的时间**).

设甲、乙两人以每局 1 元的赌资博弈,开始时刻甲、乙的资金分别为 a 元、b 元,设在 n 局之后甲的资金为 $X_n(X_0=a)$. 最终输光的问题实际上可以看作一个有双侧吸收壁的简单随机游动模型,其中 0 和 $a+b$ 为两个吸收壁.被 0 吸收意味着甲输光 ($X_n=0$),被 $a+b$ 吸收意味着乙输光 ($X_n=a+b$). 令

$$T=\min\{n\mid X_n=0\text{ 或 }X_n=a+b\},$$

则 X_n 为鞅,T 为停时(为赌局持续的时间),由例 6.3,当甲、乙两人的输赢概率相同(公平博弈)时,赌局持续的平均时间为

$$ET=a(N-a)=a(a+b-a)=ab.$$

在鞅论中有两个重要的结论,一个是停时定理,另一个是鞅收敛定理.下面介绍鞅的收敛定理.鞅收敛定理表明在一定条件下,鞅序列会收敛到某个随机变量.

定理 6.4(鞅收敛定理) 设 $\{X_n, n=0, 1, 2, \cdots\}$ 是鞅,并且存在常数 $C<\infty$,使得对任意的 n, $E\mid X_n\mid<C$,则 $\lim\limits_{n\to\infty}X_n$ 存在,记为 X_∞,并且

$$EX_\infty=EX_0.$$

证明略.

例 6.5 在例 6.3 的 Polya 模型中,假定坛子中有 m 个黄球,k 个红球,在 n 次取球之后,坛子里有 $n+m+k$ 个球,令 Z_n 为第 n 次抽取之后红球所占的比例,其中 $Z_0=\frac{k}{m+k}$. 同样可以证明 Z_n 为鞅,且 $0<Z_n<1$,由鞅的收敛定理知,$\lim\limits_{n\to\infty}Z_n$ 存在,记为 Z_∞,并且

$$EZ_\infty = EZ_0 = \frac{k}{m+k}.$$

可以证明 Z_∞ 服从参数为 k, m 的贝塔(Beta)分布.

6.3 鞅在金融中的应用

假设银行的利率是 r,在起始时刻资金的价值为 S_0,在 n 时刻资金的价值为 S_n,在 $n+1$ 时刻资金的价值 $S_{n+1}=(1+r)S_n$. 假设有一种风险证券,在 n 时刻资金的价值为 S_n,它在时刻 n 的随机利率为 Z_n,假定 Z_n 独立同分布,服从两点分布,且满足:

$$P\{1+Z_n=a\}=p,\ P\{1+Z_n=b\}=1-p=q;$$

$$b>r+1>a>0,\ 0<p<1,$$

其中 a, b 表示风险证券的“跌”和“涨”所对应的两种不同的变化率.

当 $p<q$ 时,表示风险证券上涨的概率要大于下跌的概率.则风险证券在 $n+1$ 时刻的价值为 $S_{n+1}=(1+Z_n)S_n$,即 $\frac{S_{n+1}}{S_n}=1+Z_n$,因此 $\frac{S_{n+1}}{S_n}$ 是独立同分布且服从取值为 a, b 的两点分布的随机变量序列.在无套利假定的条件下,市场上买卖双方存在一个公平概率 $\tilde{p}$,使得

$$P\left\{\frac{S_{n+1}}{S_n}=a\right\}=\tilde{p},\ P\left\{\frac{S_{n+1}}{S_n}=b\right\}=1-\tilde{p}=\tilde{q}.$$

上式称为风险中性分布,对应的概率分布 $\tilde{P}(\cdot)$ 为风险中性概率分布.由 $\tilde{P}(\cdot)$ 所确定的数学期望记为 $\tilde{E}(\cdot)$.

记 $\tilde{S}_n=\frac{1}{(1+r)^n}S_n$ 表示风险证券在 n 时刻的价格折现到初始时刻的价值,称为折现价格.可以验证:

当 $\tilde{p}=\frac{b-(1+r)}{b-a}$ 时,则 $\{\tilde{S}_n\}$ 是鞅,即风险证券的折现价格 $\tilde{S}_n$ 关于 $\tilde{P}(\cdot)$ 是鞅列.

证明 由于 $\frac{S_{n+1}}{S_n}$ 是相互独立的随机变量序列,所以 $\frac{\tilde{S}_{n+1}}{\tilde{S}_n}=\frac{1}{1+r}\frac{S_{n+1}}{S_n}$ 与 $\tilde{S}_0$, …, $\tilde{S}_n$ 相互独立,且

$$\tilde{E}\left(\frac{\tilde{S}_{n+1}}{\tilde{S}_n}\right)=\tilde{E}\left(\frac{1}{1+r}\frac{S_{n+1}}{S_n}\right)=\frac{1}{1+r}\tilde{E}\left(\frac{S_{n+1}}{S_n}\right)=\frac{1}{1+r}(a\,\tilde{p}+b(1-\tilde{p}))=1.$$

$$\tilde{E}(\tilde{S}_{n+1}\mid \tilde{S}_n,\cdots,\tilde{S}_0)=\tilde{E}\left(\frac{\tilde{S}_{n+1}}{\tilde{S}_n}\tilde{S}_n\mid \tilde{S}_n,\cdots,\tilde{S}_0\right)$$

$$=\widetilde{S}_n\widetilde{E}\left(\frac{\widetilde{S}_{n+1}}{\widetilde{S}_n}\middle|\widetilde{S}_n,\cdots,\widetilde{S}_0\right)$$
$$=\widetilde{S}_n\widetilde{E}\left(\frac{\widetilde{S}_{n+1}}{\widetilde{S}_n}\right)=\widetilde{S}_n.$$

因此在由$\widetilde{p}$所确定的概率分布$\widetilde{P}(\cdot)$条件下，$\{\widetilde{S}_n\}$是鞅.

通常贴现债券或股票的价格随时间的推移而增加，即平均起来是上涨的.设 X_n 为 n 时刻的股票价格，则 $E(X_{n+1}\mid X_0, X_1, \cdots, X_n)>X_n$，显然，股票价格的运动不是鞅.一般情况下，只要风险资产的期望收益为正，风险资产的价格运动就不再是鞅.同样，由于期权有时间价值，在到期日之前，欧式期权的价格会随着时间的推移而下降，因此期权的价格运动也不再是鞅.虽然一般金融资产的价格不是鞅，但可以找到一概率分布$\widetilde{P}(\cdot)$，使得金融资产的价格通过无风险利率贴现之后变成鞅，这对于衍生品的定价非常有用.

习题

1. 设 $\{X_n, n\geqslant 0\}$ 是独立同分布的随机变量序列，且服从区间$[0, 1]$的均匀分布，令 $Z_n=\frac{X_0}{2}\frac{X_1}{2}\cdots\frac{X_n}{2}$，则$\{Z_n\}$是鞅.

2. 设 X_n 表示分支过程中第 n 代个体数，每个个体产生后代的分布具有均值 μ，假设 $X_0=0$，令 $Z_n=\mu^{-n}X_n$，则$\{Z_n\}$是鞅.

3. 考虑一个整数集上的随机游动模型，设向右移动一步的概率为 $p<\frac{1}{2}$，向左移动的概率为 $1-p>\frac{1}{2}$，X_n 表示时刻 n 质点所处的位置，设 $X_0=a<N$：

(1) 证明：$\left\{Z_n=\left(\frac{1-p}{p}\right)^{X_n}\right\}$ 是鞅；

(2) 令 T 为质点首次到达 0 或 N 的时刻，即

$$T=\min\{n\mid X_n=0 \text{ 或 } X_n=N\},$$

则 T 是停时，利用鞅的停时定理，求 $P\{X_T=0\}$.

4. 在 Polya 模型中，假设最初坛子中装有红、黄两种颜色的球各一个，令 X_n 表示第 n 次抽取之后坛子中红球的个数，而 $Z_n=\frac{X_n}{n+2}$（第 n 次抽取之后红球所占的比例）.

(1) 证明：$P\left\{Z_n=\frac{k}{n+2}\right\}=\frac{1}{n+2}(k=1, 2, \cdots, n+1)$；

(2) 当 $n\to\infty$时，X_n 的极限分布为区间$[0, 1]$上的均匀分布.

5. 设 X_0 服从区间[0, 1]上的均匀分布，在 X_n 已知的条件下，X_{n+1} 服从区间[$1-X_n$, 1]上的均匀分布，令

$$Z_n = 2^n \prod_{k=1}^{n} \frac{1-X_k}{X_{k-1}} (Z_0 = X_0),$$

则$\{Z_n\}$是鞅.

第 7 章

布朗运动

布朗运动(Brownian motion)最初是由英国生物学家布朗于 1827 年根据观察花粉微粒在液面上做“无规则运动”的物理现象而提出的.1827 年布朗用显微镜观察植物的花粉微粒悬浮在静止水面上的形态时,却惊奇地发现这些花粉微粒在不停地做无规则运动.最后布朗把观察的对象扩大到一切物质的微小颗粒,结果发现,一切悬浮在液体中的微小颗粒,都会做无休止的不规则运动.人们为了纪念布朗这一发现,便把悬浮在液体中花粉的无规则运动叫作布朗运动.它的规律是: ① 悬浮的微粒越小,布朗运动越明显;颗粒大了,布朗运动不明显,甚至观察不到运动.② 布朗运动随着温度的升高而愈加激烈.

液体分子永不停息的无规则运动是产生布朗运动的原因,外界因素的影响不是产生布朗运动的原因.由于液体分子在不停地做无规则运动,使得悬浮在液体中的微粒受到来自各个方向的液体分子的不平衡撞击,造成微粒的无规则运动,且永不停息.布朗运动反映了(液体)分子运动的无规则性,但注意布朗运动不是指分子的运动.

如何用数学模型来精确描述布朗运动当时一直存在困难,1905 年爱因斯坦基于物理定律导出这个现象的数学描述,在数学上的精确描述直到 1923 年才由 Wiener(维纳)给出,所以 Brown 运动也称为 Wiener 过程.

7.1 布朗运动的定义及其概率分布和数字特征

从简单的随机移动开始,考虑在一直线上的对称随机移动.设花粉颗粒每经过 Δt 时间,随机地以概率 $p=1/2$ 向右或向左移动 $\Delta x>0$ 的距离,且每次移动相互独立.记 X_i 表示第 i 次移动的方向,设向右移动记为正向移动,向左移动记为负向移动,且

$$P\{X_i=1\}=P\{X_i=-1\}=\frac{1}{2}.$$

若 $X(t)$表示 t 时刻质点的位置,则有: $X(t)=\Delta x(X_1+X_2+\cdots+X_{[t/\Delta t]})$. (7.1)

显然: $E(X_i)=0$, $D(X_i)=E(X_i^2)=1$,

则：$E[X(t)]=0$，$D[X(t)]=\Delta^2 x[t/\Delta t]$.

这种随机移动可作为微小粒子在直线上做不规则运动的近似.由于粒子的不规则运动是连续进行的，所以考虑极限情况，当 Δt 越小时，Δx 也越小，$\Delta t \to 0$，$\Delta x \to 0$. 则：

(1) $\lim\limits_{\substack{\Delta t\to 0\\ \Delta x\to 0}} \dfrac{(\Delta x)^2}{\Delta t}=0$，此时 $D(X(t))=0$，表明系统总处于零点（静态）；

(2) $\lim\limits_{\substack{\Delta t\to 0\\ \Delta x\to 0}} \dfrac{(\Delta x)^2}{\Delta t}=\infty$，此时 $D(X(t))=\infty$，表明系统在极短的时间内变化的距离为无穷大；

(3) $\lim\limits_{\substack{\Delta t\to 0\\ \Delta x\to 0}} \dfrac{(\Delta x)^2}{\Delta t}=c^2(c>0)$，此时 $E(X(t))=0$，$\lim\limits_{\Delta t\to 0} D(X(t))=c^2 t$，表明系统为正态分布.

由中心极限定理，可以得到这一极限过程的一些直观性质：

(1) 当 $\Delta t\to 0$ 时，$X(t)$趋向于正态分布，即 $X(t)\sim N(0,\ c^2 t)$；

(2) $\{X(t),\ t\geqslant 0\}$ 有独立的增量；

(3) $\{X(t),\ t\geqslant 0\}$ 有平稳的增量.

Brown 运动的定义是上述物理过程的数学描述，下面给出 Brown 运动的严格定义.

定义 7.1　若一个随机过程 $\{X(t),\ t\geqslant 0\}$ 满足：

(1) $X(0)=0$；

(2) $X(t)$是独立增量过程；

(3) $\forall s,\ t>0$，$X(t+s)-X(s)\sim N(0,\ \sigma^2 t)$，

则称 $\{X(t),\ t\geqslant 0\}$ 是 Brown 运动或 Wiener 过程，常记为 $\{B(t),\ t\geqslant 0\}$ 或 $\{W(t),\ t\geqslant 0\}$. 当 $\sigma=1$ 时，Brown 运动或 Wiener 过程称为标准的 Brown 运动或 Wiener 过程. 当 $s=0$ 时，$B(t)\sim N(0,\ \sigma^2 t)$，则 $E[B(t)]=0$，$D[B(t)]=\sigma^2 t$.

注：$B(t)$是独立增量过程，即对

$0<t_1<t_2<\cdots<t_n$，$B(t_2)-B(t_1)$，$B(t_3)-B(t_2)$，$\cdots$，$B(t_n)-B(t_{n-1})$ 是相互独立的.

由定义 7.1 中(3)表明，在一时间间隔内随机过程的差值服从正态分布，其方差与时间间隔成正比.因此时间间隔的区间越长，Brown 运动在该区间上的波动性就越大.由定义 7.1 可以推出，$B(t)$关于 t 是连续函数，即 $B(t)$的样本路径是 t 的连续函数.由于上述定义在实际应用中十分不方便，我们给出以下面的性质作为 Brown 运动的等价定义.

定理 7.1　Brown 运动具有下述性质：

(1) $B(t)$是独立增量过程；

(2) $\forall s,\ t>0$，$B(t+s)-B(s)\sim N(0,\ c^2 t)$；

(3) $B(t)$关于 t 是连续函数.

注意：定理 7.1 中并没有假定 $B(0)=0$，因此可以看作始于 x 的 Brown 运动，有时为了强调起点，也记为 $\{B^x(t),\ t\geqslant 0\}$，则定义 7.1 中所指的是始于 0 的 Brown 运动 $\{B^0(t),\ t\geqslant 0\}$，而 $B^x(t)=B^0(t)+x$，因此只需要研究始于 0 的 Brown 运动就可以，如不加特别说明，Brown 运动就是指始于 0 的 Brown 运动.

7.2 布朗运动的性质

本节给出一般布朗运动的性质，由定义容易求出 Brown 运动的均值函数和相关函数.

性质 1 设 $\{B(t),\ t\geqslant 0\}$ 是参数为 σ^2 的布朗运动，则均值函数为 0，相关函数 $R(s,\ t)=\sigma^2\min\{s,\ t\}$.

若 $t<s$，则 $B(s)=B(t)+B(s)-B(t)$，且由独立增量性可得：

$$R(s,\ t)=E[B(t)B(s)]=E[B^2(t)]+E\{B(t)[B(s)-B(t)]\}=E[B^2(t)]=\sigma^2 t.$$

类似地，若 $t>s$，则 $E[B(t)B(s)]=\sigma^2 s$.

其协方差函数 $C(s,\ t)=\mathrm{cov}[B(t)B(s)]=E[B(t)B(s)]=R(s,\ t)=\sigma^2\min\{s,\ t\}$. 显然，Brown 运动是非平稳运动.

性质 2 Brown 运动 $\{B(t),\ t\geqslant 0\}$ 是均方连续的.①

证明 由定义可知：

$$E\{[B(t)-B(s)]^2\}=D[B(t)-B(s)]=c^2\mid t-s\mid,$$

因此，$\lim\limits_{h\to 0}E\{[B(t+h)-B(t)]^2\}=\lim\limits_{h\to 0}c^2\mid h\mid=0.$

于是 $\{B(t),\ t\geqslant 0\}$ 是均方连续的.

性质 3 $\{B(t),\ t\geqslant 0\}$ 的几乎每条样本轨道都是处处不可导.

由性质 2 知，Brown 运动的每条样本轨道几乎都是连续的. 但 Brown 运动的每条样本轨道几乎都不是我们通常见到的函数，而是几乎处处不可导的函数.

若 $B(t)$ 在 t_0 处可导，则存在常数 $B'(t_0)$，使得

$$\lim_{\Delta t\to 0}\frac{B(t_0+\Delta t)-B(t_0)}{\Delta t}=B'(t_0).$$

由 Brown 运动的平稳性和正态性，得：

$$B(t_0+\Delta t)-B(t_0)\sim N(0,\ \mid\Delta t\mid c^2).$$

从而对任给的正数 M：

---

① 若 $\lim\limits_{t\to t_0}E\mid X(t)-X(t_0)\mid^2=0$，称 $\{X(t),\ t\in T\}$ 在 t_0 处均方连续.

$$P\left\{\left|\frac{B(t_0+\Delta t)-B(t_0)}{\Delta t}\right|\leqslant M\right\}=P\left\{\left|\frac{B(t_0+\Delta t)-B(t_0)}{c\sqrt{\Delta t}}\right|\leqslant\frac{M}{c}\sqrt{|\Delta t|}\right\}$$
$$=2\Phi\left(\frac{M}{c}\sqrt{|\Delta t|}\right)-1\to 0(\Delta t\to 0).$$

上式表明，Brown 运动在任意一点处导数有限的概率为零.也就是说，Brown 运动几乎每条样本轨道都是处处不可导的函数.其物理解释：粒子在任何瞬间，均可能受到来自任意方向上分子的碰撞而使自身运动方向发生变化，而发生变化的速度为无穷.

性质 4　Brown 运动 $\{B(t), t\geqslant 0\}$ 是齐次马尔可夫过程.

证明　对任意 $s, t>0$.

$$\begin{aligned}&P\{B(t+s)\leqslant a\mid B(s)=x, B(u), 0\leqslant u<s\}\\&\quad=P\{B(t+s)-B(s)\leqslant a-x\mid B(s)=x, B(u), 0\leqslant u<s\}\\&\quad=P\{B(t+s)-B(s)\leqslant a-x\}(\text{由独立增量性})\\&\quad=P\{B(t+s)\leqslant a\mid B(s)=x\}.\end{aligned}$$

性质 5　Brown 运动 $\{B(t), t\geqslant 0\}$ 是正态(高斯)过程，即所有的有限维分布都是多元正态分布.

对任意 $0<t_1<t_2<\cdots<t_n$，$(B(t_1), \cdots, B(t_n))$ 的联合密度函数为

$$f_{t_1,\cdots,t_n}(x_1,\cdots,x_n)=(2\pi\sigma^2)^{-\frac{n}{2}}|W_n|^{-\frac{1}{2}}\exp\left\{-\frac{1}{2\sigma^2}(x_1,\cdots,x_n)W_n^{-1}(x_1,\cdots,x_n)'\right\}.$$

其中 $W_n=\begin{pmatrix}t_1&t_1&\cdots&t_1\\t_1&t_2&\cdots&t_2\\\vdots&\vdots&&\vdots\\t_1&t_2&\cdots&t_n\end{pmatrix}$，其协方差矩阵为 $\boldsymbol{\Sigma}=\sigma^2W_n$.

证明　由平稳独立增量性知

$$\begin{aligned}P\{B(t_2)\leqslant x_2\mid B(t_1)=x_1\}&=P\{B(t_2)-B(t_1)\leqslant x_2-x_1\}\\&=P\{B(t_2-t_1)\leqslant x_2-x_1\},\end{aligned}$$

$B(t_2)$的条件密度函数为 $f_{(t_2-t_1)}(x_2-x_1)=\dfrac{1}{\sigma\sqrt{2\pi(t_2-t_1)}}\exp\left\{-\dfrac{(x_2-x_1)^2}{2\sigma^2(t_2-t_1)}\right\}$.

即当 $B(t_1)=x_1$ 的条件下，$B(t_2)\mid_{B(t_1)=x_1}\sim N(x_1, \sigma^2(t_2-t_1))$，

因此 $P\{B(t_2)\leqslant x_1\mid B(t_1)=x_1\}=P\{B(t_2)\geqslant x_1\mid B(t_1)=x_1\}=\dfrac{1}{2}$.

上式表明给定初始条件 $B(t_1)=x_1$，Brown 运动在 t_2 时刻的位置高于或低于初始位置的概率相同，这种性质称为 Brown 运动的对称性.

所以 $(B(t_1), B(t_2))$ 的联合密度函数为

$$f_{t_1,t_2}(x_1,x_2)=f_{t_1}(x_1)f_{(t_2-t_1)}(x_2-x_1)$$
$$=\frac{1}{\sigma\sqrt{2\pi t_1}}\exp\left\{-\frac{x_1^2}{2\sigma^2 t_1}\right\}\cdot\frac{1}{\sigma\sqrt{2\pi(t_2-t_1)}}\exp\left\{-\frac{(x_2-x_1)^2}{2\sigma^2(t_2-t_1)}\right\}$$
$$=\frac{1}{\sigma^2 2\pi\sqrt{t_1(t_2-t_1)}}\exp\left\{-\frac{1}{2\sigma^2}\left[\frac{x_1^2}{t_1}+\frac{(x_2-x_1)^2}{(t_2-t_1)}\right]\right\}.$$

令 $W_2=\begin{pmatrix}t_1 & t_1\\ t_1 & t_2\end{pmatrix}$，则

$$f_{t_1,t_2}(x_1,x_2)=\frac{1}{2\pi\sigma^2}\mid W_2\mid^{-\frac{1}{2}}\exp\left\{-\frac{1}{2\sigma^2}(x_1,x_2)W_2^{-1}(x_1,x_2)'\right\}.$$

由数学归纳法可得 $(B(t_1),\cdots,B(t_n))$ 的联合密度函数为

$$f_{t_1,\cdots,t_n}(x_1,\cdots,x_n)=(2\pi\sigma^2)^{-\frac{n}{2}}\mid W_n\mid^{-\frac{1}{2}}\exp\left\{-\frac{1}{2\sigma^2}(x_1,\cdots,x_n)W_n^{-1}(x_1,\cdots,x_n)'\right\}.$$

即 $B(t)$的任何有限维分布都是正态的.由此结论及多元正态分布的性质,得到如下结论.

定理 7.2 设 $\{B(t),t\geqslant 0\}$ 是参数为 σ^2 的布朗运动,对任意 $0<t_1<t_2<\cdots<t_n$，及任意常数 $a_1,a_2,\cdots,a_n$，则 $Y(t_1,t_2,\cdots,t_n)=a_1B(t_1)+\cdots+a_nB(t_n)$ 服从正态分布 $N[0,(a_1,a_2,\cdots,a_n)W_n(a_1,a_2,\cdots,a_n)'\sigma^2]$.

例 7.1 设 $\{B(t),t\geqslant 0\}$ 是标准布朗运动 $(\sigma=1)$,求 $B(1)+B(2)+B(3)+B(4)$ 的分布.

解 随机向量 $X=(B(1),B(2),B(3),B(4))$ 服从多元正态分布,且具有零均值,

协方差矩阵为 $W_4=\Sigma=\begin{pmatrix}1&1&1&1\\1&2&2&2\\1&2&3&3\\1&2&3&4\end{pmatrix}$ 由定理 7.2 知 $B(1)+B(2)+B(3)+B(4)$ 服从正态分布,且均值为零,方差为

$$(a_1,a_2,\cdots,a_n)W_n(a_1,a_2,\cdots,a_n)'=(1,1,\cdots,1)\begin{pmatrix}1&1&1&1\\1&2&2&2\\1&2&3&3\\1&2&3&4\end{pmatrix}(1,1,\cdots,1)'=30.$$

性质 6 Brown 运动 $\{B(t),t\geqslant 0\}$ 是鞅，$\{B(t)^2-t,t\geqslant 0\}$ 也是鞅.

证明 因为布朗运动具有独立增量性,对任意的 $s<t$，有

$$E[B(t)\mid B(y),y\leqslant s]=E[B(s)+B(t)-B(s)\mid B(y),y\leqslant s]$$

$$=B(s)+E[B(t)-B(s)\mid B(y),\ y\leqslant s]=B(s)+E[B(t)-B(s)]$$
$$=B(s)+0+0=B(s).$$

因此，$\{B(t),\ t\geqslant 0\}$ 是一个鞅.同理：

$$\begin{aligned}&E[B(t)^2-t\mid B(y)^2-y,\ y\leqslant s]\\=&E[(B(s)+B(t)-B(s))^2-t\mid B(y)^2-y,\ y\leqslant s]\\=&B(s)^2+E[(B(t)-B(s))^2\mid B(y)^2-y,\ y\leqslant s]+\\&2B(s)E[(B(t)-B(s))\mid B(y)^2-y,\ y\leqslant s]-t\\=&B(s)^2+E[(B(t)-B(s))^2]-t\\=&B(s)^2+t-s-t=B(s)^2-s.\end{aligned}$$

因此 $\{B(t)^2-t,\ t\geqslant 0\}$ 也是鞅.

注：$\{B(t)^2-t,\ t\geqslant 0\}$ 为鞅是布朗运动的特征，即如果连续鞅 $\{B(t),\ t\geqslant 0\}$ 使得 $\{B(t)^2-t,\ t\geqslant 0\}$ 也是鞅，则 $\{B(t)^2-t,\ t\geqslant 0\}$ 是布朗运动.

性质 7　设 $\{B(t),\ t\geqslant 0\}$ 是参数为 σ^2 的布朗运动，则：

(1) 平移特性：对 $\forall c>0$，$\{B_c(t)=B(t+c)-B(c),\ t\geqslant 0\}$ 是参数为 σ^2 的 Brown 运动；

(2) 伸缩性：对 $\forall c>0$，$\left\{aB\left(\frac{t}{c}\right),\ t\geqslant 0\right\}$ 是参数为 $\frac{a^2\sigma^2}{c}$ 的 Brown 运动.特别，$\left\{\sqrt{c}B\left(\frac{t}{c}\right),\ t\geqslant 0\right\}$ 是参数为 σ^2 的 Brown 运动.

7.3　布朗运动的推广

记 $T_x=\min\{t:t>0,\ B(t)=x\}$ 为标准 Brown 运动首次击中 x 的时刻，计算 T_x 的分布函数 $P\{T_x\leqslant t\}$. 由全概率公式

$$P\{B(t)\geqslant x\}=P\{B(t)\geqslant x\mid T_x\leqslant t\}P\{T_x\leqslant t\}+P\{B(t)\geqslant x\mid T_x>t\}P\{T_x>t\}$$
$$=P\{B(t)\geqslant x\mid T_x\leqslant t\}P\{T_x\leqslant t\}=\frac{1}{2}P\{T_x\leqslant t\}(\text{由对称性}),$$

因此 $P\{T_x\leqslant t\}=2P\{B(t)\geqslant x\}=\frac{2}{\sqrt{2\pi t}}\int_x^{+\infty}\mathrm{e}^{-\frac{u^2}{2t}}\mathrm{d}u=\frac{2}{\sqrt{2\pi}}\int_{x/\sqrt{t}}^{+\infty}\mathrm{e}^{-\frac{y^2}{2}}\mathrm{d}y=2(1-\Phi(x/\sqrt{t}))$.

其密度函数为

$$f_{T_x}(t)=\begin{cases}\frac{x}{\sqrt{2\pi}}t^{-\frac{3}{2}}\mathrm{e}^{-\frac{x^2}{2t}}, & t\geqslant 0,\\0, & t<0.\end{cases}$$

由此可得 $P\{T_x<\infty\}=\lim\limits_{t\to\infty}P\{T_x\leqslant t\}=1$，并且可以验证 $ET_x=\infty$（读者可自己证明）.直观上，Brown 运动会以概率 1 击中 x，但击中的平均时间是无穷，表明 Brown 运动的所有状态是零常返的.

1. Brown 桥

定义 7.2 设 $\{B(t),\ t\geqslant 0\}$ 是标准 Brown 运动，令 $\bar{B}(t)=B(t)-tB(1),\ 0\leqslant t\leqslant 1$，则称 $\{\bar{B}(t),\ 0\leqslant t\leqslant 1\}$ 为 Brown 桥.

因为 Brown 运动是特殊的高斯过程，利用高斯过程的性质可知，Brown 桥也为高斯过程，其 n 维分布由均值函数和方差函数完全确定，对任意 $0\leqslant s\leqslant t\leqslant 1$，有

$$E[\bar{B}(t)]=0,$$

$$\begin{aligned}C(s,\ t)=R(s,\ t)=E[\bar{B}(s)\ \bar{B}(t)]&=E\{[B(s)-sB(1)][B(t)-tB(1)]\}\\&=s-ts-ts+ts=s(1-t).\end{aligned}$$

另外，由定义可知 $\bar{B}(0)=\bar{B}(1)=0$，即此过程的起始点是固定的，就像一座桥横架在区间 $[0,\ 1]$ 的上空，这就是 Brown 桥名称的由来.

2. 带吸收点的 Brown 运动

设 $\{B(t),\ t\geqslant 0\}$ 是标准 Brown 运动，令

$$Z(t)=\begin{cases}B(t), & t<T_x,\\ x, & t\geqslant T_x.\end{cases}$$

其中 $T_x=\min\{t:\ t>0,\ B(t)=x\}$ 表示首次击中 x 的时刻.则 $\{Z(t),\ t\geqslant 0\}$ 表示一旦随机过程击中 x 后即被吸收停留在 x 状态的 Brown 运动.

注：$Z(t)$是一混合型随机变量，为求 $Z(t)$的分布，再次利用 Brown 运动的对称性.不妨设 $x>0$，分情况讨论 $P\{Z(t)\leqslant y\}$：

当 $y>x$ 时，$P\{Z(t)\leqslant y\}=1$；

当 $y=x$ 时，$P\{Z(t)=x\}=P\{T_x\leqslant t\}=\dfrac{2}{\sqrt{2\pi}}\displaystyle\int_{x/\sqrt{t}}^{+\infty}\mathrm{e}^{-\frac{y^2}{2}}\mathrm{d}y$；

当 $y<x$ 时，$\{Z(t)\leqslant y\}=\{B(t)\leqslant y,\ \max\limits_{0\leqslant s\leqslant t}B(s)<x\}$.

从而得：$\{Z(t)\leqslant y\}=\{B(t)\leqslant y\}-\{B(t)\leqslant y,\ \max\limits_{0\leqslant s\leqslant t}B(s)>x\}$.

于是有：$P\{Z(t)\leqslant y\}=P\{B(t)\leqslant y\}-P\{B(t)\leqslant y,\ \max\limits_{0\leqslant s\leqslant t}B(s)>x\}$.

事实上，事件 $\{\max\limits_{0\leqslant s\leqslant t}B(s)>x\}=\{T_x\leqslant t\}$，由 Brown 运动的对称性知，$B(t)$在时刻 $T_x(<t)$ 击中 x，为了使在时刻 t 不大于 y，则在 T_x 之后的 $t-T_x$ 这段时间内必须从 x 出发减少 $x-y$，而与从 x 出发增加 $x-y$ 的概率相等，即

$$P\{B(t)\leqslant y \mid \max_{0\leqslant s\leqslant t} B(s)>x\}=P\{B(t)\geqslant 2x-y \mid \max_{0\leqslant s\leqslant t} B(s)>x\},$$

因此

$$\begin{aligned}
&P\{B(t)\leqslant y,\ \max_{0\leqslant s\leqslant t} B(s)>x\}\\
=&P\{B(t)\leqslant y \mid \max_{0\leqslant s\leqslant t} B(s)>x\}\cdot P\{\max_{0\leqslant s\leqslant t} B(s)>x\}\\
=&P\{B(t)\geqslant 2x-y \mid \max_{0\leqslant s\leqslant t} B(s)>x\}\cdot P\{\max_{0\leqslant s\leqslant t} B(s)>x\}\\
=&P\{B(t)\geqslant 2x-y,\ \max_{0\leqslant s\leqslant t} B(s)>x\}\\
=&P\{B(t)\geqslant 2x-y\}(y<x).
\end{aligned}$$

$$\begin{aligned}
P\{Z(t)\leqslant y\}&=P\{B(t)\leqslant y\}-P\{B(t)\geqslant 2x-y\}\\
&=P\{B(t)\leqslant y\}-P\{B(t)\leqslant y-2x\}\\
&=P\{y-2x\leqslant B(t)\leqslant y\}\\
&=\frac{1}{\sqrt{2\pi t}}\int_{y-2x}^{y} \mathrm{e}^{-\frac{u^2}{2t}}\,\mathrm{d}u.
\end{aligned}$$

可知，在点 x 吸收的 Brown 运动的概率分布为

$$\begin{cases}
P\{Z(t)\leqslant y\}=1, & y>x,\\
P\{Z(t)=y\}=\dfrac{2}{\sqrt{2\pi t}}\displaystyle\int_{x}^{+\infty} \mathrm{e}^{-\frac{u^2}{2t}}\,\mathrm{d}u, & y=x,\\
P\{Z(t)\leqslant y\}=\dfrac{1}{\sqrt{2\pi t}}\displaystyle\int_{y-2x}^{y} \mathrm{e}^{-\frac{u^2}{2t}}\,\mathrm{d}u, & y<x.
\end{cases}$$

3. 原点反射的 Brown 运动

设 $\{B(t),\ t\geqslant 0\}$ 是标准 Brown 运动，令 $Y(t)=|B(t)|$，则称 $\{Y(t),\ t\geqslant 0\}$ 为在原点反射的 Brown 运动.研究 $P\{Y(t)\leqslant y\}$ 的规律.

当 $y<0$ 时，$P\{Y(t)\leqslant y\}=0$；

当 $y\geqslant 0$ 时，$P\{Y(t)\leqslant y\}=P\{-y\leqslant B(t)\leqslant y\}=\dfrac{1}{\sqrt{2\pi t}}\displaystyle\int_{-y}^{y} \mathrm{e}^{-\frac{u^2}{2t}}\,\mathrm{d}u=2\Phi\left(\dfrac{y}{\sqrt{t}}\right)-1$，

相应的均值为：$E[Y(t)]=\displaystyle\int_{-\infty}^{+\infty} |y|\cdot \dfrac{1}{\sqrt{2\pi t}}\mathrm{e}^{-\frac{y^2}{2t}}\,\mathrm{d}y=\sqrt{\dfrac{2t}{\pi}}$.

方差：$D[Y(t)]=E[Y^2(t)]-\{E[Y(t)]\}^2=E[|B(t)|^2]-\dfrac{2t}{\pi}=\left(1-\dfrac{2}{\pi}\right)t$.

4. 几何 Brown 运动

设 $\{B(t),\ t\geqslant 0\}$ 是标准 Brown 运动，令 $Y(t)=\mathrm{e}^{B(t)}$，则称 $\{Y(t),\ t\geqslant 0\}$ 为几何

Brown 运动.由对数正态分布的性质可知,若 $X \sim N(\mu, \sigma^2)$.

则 $E(\mathrm{e}^X)=\mathrm{e}^{\mu+\frac{1}{2}\sigma^2}$, $D(\mathrm{e}^X)=\mathrm{e}^{2\mu+\sigma^2}(\mathrm{e}^{\sigma^2}-1)$.

因此,$E[Y(t)]=E(\mathrm{e}^{B(t)})=\mathrm{e}^{\frac{t}{2}}$, $D[Y(t)]=\mathrm{e}^{2t}-\mathrm{e}^t$.

早在 1900 年,法国数学家巴舍利耶(L. Bachelier)在其博士论文《投资理论》中,给出了布朗运动的数学描述,并提出了用几何布朗运动来模拟股票价格的变化.在金融市场上,经常假定股票的价格按照几何布朗运动变化.

例 7.2 设某人拥有某种股票,交割时刻为 T,交割价格为 K 的欧式看涨期权,即他具有在时刻 T 以固定的价格 K 购买一股这种股票的权利.假定这种股票目前的价格为 y,并按照几何布朗运动变化,计算这个股票期权的平均价格.

解 设 $X(T)$表示时刻 T 的股票价格,若 $X(T)$高于 K,期权将被实施,因此该期权在时刻 T 的平均价格应为

$$\begin{aligned}E\{\max[X(T)-K, 0]\}&=\int_0^{+\infty}P\{X(T)-K>u\}\mathrm{d}u\\&=\int_0^{+\infty}P\{y\mathrm{e}^{B(T)}-K>u\}\mathrm{d}u\\&=\int_0^{+\infty}P\left\{B(T)>\ln\frac{K+u}{y}\right\}\mathrm{d}u\\&=\frac{1}{\sqrt{2\pi T}}\int_0^{+\infty}\int_{\ln\frac{K+u}{y}}^{+\infty}\mathrm{e}^{-x^2/2T}\mathrm{d}x\,\mathrm{d}u.\end{aligned}$$

5. **带漂移的 Brown 运动**

设 $\{B(t), t\geqslant 0\}$ 为标准 Brown 运动,令 $X(t)=B(t)+\mu t$,则称 $\{X(t), t\geqslant 0\}$ 为带漂移的 Brown 运动,其中常数 μ 称为漂移系数.

事实上,如果某一质点在直线上按某一平均速率向一个方向运动,由于质点在运动中受到各种干扰.实际运动速度会在平均值的基础上出现左右摆动的现象,反映在质点运动离开原点的距离(有方向性)上,与按平均速率计算得到的结果有一定的差异.

漂移的布朗运动有着广泛的应用背景,比如,在研究计算磨损参数、控制成本、生产标准和资本增量、模拟物理噪声等方面.总体而言,漂移布朗运动可以应用于任意线性过程中对随机运动产生持久干扰的情况.

可以验证对于漂移系数为 $\mu(<0)$ 的 Brown 运动,当 $a>0$ 时,则

$$P\{X(t)\text{ 迟早上升到 }a\}=\mathrm{e}^{2\mu a}.$$

此时 $X(t)$漂向负无穷,而其最大值是参数为 -2μ 的指数分布.

例 7.3 假设某人有在将来某个时刻以固定价格 A 购买一项股票的期权,与现在的市价无关,不妨取现在的市价为 0,并假定其变化遵循具有负漂移系数 $-\mu(\mu>0)$ 的布朗

运动.问在什么时候实施期权？

解　考虑在市价为 x 时实施期权的策略.在此策略下的平均所得为

$$(x-A)P(x).$$

其中 $P(x)$ 是过程迟早到达 x 的概率.于是有

$$P(x)=\mathrm{e}^{-2\mu x},\ x>0.$$

此时 x 的最优值是使 $(x-A)\mathrm{e}^{-2\mu x}$ 最大的值，容易验证当 $x=A+\dfrac{1}{2\mu}$ 时，使得平均所得达到最大.

习题

1. 设随机变量 $\zeta\sim N(0,1)$，$\{B(t),\ t\geqslant 0\}$ 是参数为 σ^2 的布朗运动，ζ 与 $B(t)$ 相互独立，设 $X(t)=\zeta t+B(t),\ t\geqslant 0$.

(1) 求随机过程 $\{X(t),\ t\geqslant 0\}$ 的均值函数 $m_X(t)$，方差函数 $D_X(t)$，自相关函数 $R_X(s,t)$；$s<t$；

(2) 求其一维、二维概率密度和特征函数.

2. 设 $\{B(t),\ t\geqslant 0\}$ 是参数 $\sigma^2=1$ 的布朗运动，令 $X=B(1)$，$Y=B(2)$.

(1) 写出随机变量 (X,Y) 的协方差矩阵 C；

(2) 求随机变量 (X,Y) 的概率密度 $f(x,y)$ 和特征函数 $\varphi(u,v)$.

3. 设 $\{B(t),\ t\geqslant 0\}$ 为标准布朗运动，给定 $B(s)$，$0\leqslant s<t$，试计算 $B(t)$ 的条件概率密度.

4. 设 $\{\bar{B}(t),\ 0\leqslant t\leqslant 1\}$ 是布朗桥，证明如下定义的随机过程 $Z(t)$，$t\geqslant 0$，$Z(t)=(t+1)\bar{B}\left(\dfrac{t}{t+1}\right)$ 是标准布朗运动.

5. 设 $\{B(t),\ t\geqslant 0\}$ 为标准布朗运动，求 $B(1)+B(2)+\cdots+B(n)$ 的分布，并验证 $\left\{X(t)=tB\left(\dfrac{1}{t}\right)\right\}$ 仍为 $[0,+\infty)$ 上的布朗运动.

第 8 章

平 稳 过 程

平稳过程是一类应用广泛的随机过程,在稳定系统中出现的随机过程都是属于平稳随机过程.如:纺织过程中棉纱横截面积的变化,军舰在海浪中的颠簸,电阻的热噪声等,这些随机现象的特点是统计特性不随时间的推移而变化.

8.1 平稳过程的定义

定义 8.1 设 $\{X(t),\ t \in T\}$ 是随机过程,如果对任意常数 τ 和正整数 n, $t_1,\ t_2,\ \cdots,\ t_n \in T,\ t_1+\tau,\ t_2+\tau,\cdots,\ t_n+\tau \in T$.

当 $(X(t_1),\ X(t_2),\ \cdots,\ X(t_n))$ 与 $(X(t_1+\tau),\ X(t_2+\tau),\ \cdots,\ X(t_n+\tau))$ 具有相同的联合分布,则称 $\{X(t),\ t \in T\}$ 为严平稳过程或狭义平稳过程(严平稳过程的统计特征是由有限维分布函数所决定的).

当产生随机现象的一切主要条件可以视为不随时间的推移而改变时,这类过程可以看作平稳的,如:电子管中散弹效应引起的电路中的噪声电压;通信、自动控制等领域的许多过程都可以认为是平稳随机过程.

定义 8.2 设 $\{X(t),\ t \in T\}$ 是随机过程,且满足:

(1) $\{X(t),\ t \in T\}$ 是二阶矩过程 ($E[X^2(t)]<+\infty$);

(2) 对任意 $t \in T$, $m_X(t)=EX(t)=$常数;

(3) 对任意 $s,\ t \in T$, $R_X(s,t)=E[X(s)X(t)]=R_X(t-s)$, 则称 $\{X(t),\ t \in T\}$ 为宽平稳过程,也称广义平稳过程,简称平稳过程.若 T 为离散集,则称平稳过程 $\{X_n,\ n \in T\}$ 为平稳序列.

宽平稳过程并不一定是严平稳过程.在二阶矩存在时,严平稳过程一定是宽平稳过程.如果是正态过程,严平稳过程和宽平稳过程是等价的.

定理 8.1 严平稳过程 $\{X(t),\ t \in T\}$ 是宽平稳过程的充要条件是二阶矩存在 $E[X^2(t)]<+\infty$.

证明 必要性显然成立.因为宽平稳过程必是二阶矩存在 $E[X^2(t)]<+\infty$.

充分性.如果严平稳过程 $E[X^2(t)]<+\infty$，则对任意 $t\in T$，$X(t)$ 的一、二维分布函数不是 t 的函数.

$$F(t,\ x)=P\{X(t)\leqslant x\}=P\{X(t+\tau)\leqslant x\}=P\{X(0)\leqslant x\}=F(0,\ x)$$

$$\Rightarrow E[X(t)]=E[X(t+\tau)]=\int_{-\infty}^{+\infty}x\,\mathrm{d}F(0,\ x)=m.$$

$$R(t,\ t+\tau)=E[X(t)X(t+\tau)]=\int_{-\infty}^{+\infty}\int_{-\infty}^{+\infty}xy\,\mathrm{d}F(t,\ t+\tau;\ x,\ y)$$

$$=\int_{-\infty}^{+\infty}\int_{-\infty}^{+\infty}xy\,\mathrm{d}F(0,\ \tau;\ x,\ y)=R(\tau).$$

所以 $\{X(t),\ t\in T\}$ 为宽平稳过程.

定理 8.2 正态过程是严平稳过程的充要条件是它为宽平稳过程，即对正态过程来说严平稳与宽平稳等价.

证明 必要性.设 $\{X(t),\ t\in T\}$ 为正态严平稳过程，因为正态过程二阶矩存在，由定理 8.1 知它为宽平稳过程.

充分性.设 $\{X(t),\ t\in T\}$ 为正态宽平稳过程，要证 $\{X(t),\ t\in T\}$ 为严平稳过程，只要证明：n 维随机向量 $(X(t_1),\ X(t_2),\ \cdots,\ X(t_n))$ 与 n 维随机向量 $(X(t_1+\tau),\ X(t_2+\tau),\ \cdots,\ X(t_n+\tau))$ 具有相同的 n 维正态分布，为此只要证明它们的均值和协方差都相等.事实上，由 $\{X(t),\ t\in T\}$ 为宽平稳过程，得

$$m_i=E[X(t_i)]=E[X(t_i+\tau)]=\tilde{m}_i=m(i=1,\ 2,\ \cdots,\ n),$$

$$C_{ij}=E[X(t_i)X(t_j)]-m^2=E[X(t_i+\tau)X(t_j+\tau)]-\tilde{m}^2=\tilde{C}_{ij}(i,\ j=1,\ 2,\ \cdots,\ n).$$

从而这两个随机向量具有相同的 n 维正态分布，故 $\{X(t),\ t\in T\}$ 是正态严平稳过程.

例 8.1 设 $\{X(n),\ n=0,\ 1,\ 2,\ \cdots\}$ 是相互独立且都服从柯西分布的随机变量序列. $X(n)$ 的概率密度为 $f(x)=\dfrac{1}{\pi(1+x^2)}$，$-\infty<x<+\infty$，$n=0,\ 1,\ 2,\ \cdots$

显然 $\{X(n),\ n=0,\ 1,\ 2,\ \cdots\}$ 是严平稳过程，但它的一阶矩 $E[X(n)]$ 不存在，因而不是宽平稳过程.

例 8.2 设 $X(t)=\sin\omega t$，其中 ω 是在 $[0,\ 2\pi]$ 上均匀分布的随机变量，证明 $\{X(t),\ t\in T\}$ 既不是宽平稳过程，也不是严平稳过程.

证明 $m(t)=E[\sin\omega t]=\displaystyle\int_0^{2\pi}\sin\omega t\,\frac{1}{2\pi}\mathrm{d}\omega=\frac{1-\cos 2\pi t}{2\pi t}$,

$$R(s,\ t)=E[X(s)X(t)]=\int_0^{2\pi}\sin\omega s\sin\omega t\,\frac{1}{2\pi}\mathrm{d}\omega$$

$$=\frac{1}{4\pi}\int_0^{2\pi}[\cos\omega(t-s)-\cos\omega(t+s)]\mathrm{d}\omega$$

$$=\frac{1}{4\pi}\left[\frac{\sin 2\pi(t-s)}{t-s}-\frac{\sin 2\pi(t+s)}{t+s}\right].$$

由此可见，$\{X(t),\ t\in T\}$ 既不是宽平稳过程，也不是严平稳过程.

定义 8.3 设 $\{Z(t),\ t\in T\}$ 为复随机过程，若二阶矩存在 $E\mid Z(t)\mid^2<+\infty$ 且 $E[Z(t)]=m$，$E[Z(t)Z(t+\tau)]=R(t,\ t+\tau)=R(\tau)$，则称 $\{Z(t),\ t\in T\}$ 为复平稳过程.$R(\tau)$ 称为其自相关函数，$C(\tau)=R(\tau)-\mid m\mid^2$ 为其自协方差函数.

定义 8.4 设随机过程 $\{X(t),\ t\in T\}$ 和 $\{Y(t),\ t\in T\}$ 都是平稳过程，如果其互相关函数满足 $R_{XY}(t,\ t+\tau)=E[X(t)Y(t+\tau)]=R_{XY}(\tau)$（仅与 τ 有关），则称 $\{X(t),\ t\in T\}$ 和 $\{Y(t),\ t\in T\}$ 为联合平稳过程.

定义 8.5 若 $\{X(t),\ t\in T\}$ 是平稳过程，且满足 $X(t+L)=X(t)$，$L>0$，则称 $\{X(t),\ t\in T\}$ 为周期平稳过程.L 为周期平稳过程的周期.

定义 8.6 设随机过程 $\{X(t),\ t\in T\}$，对任意常数 $h\in T$，$t+h\in T$；$Y(t)=X(t+h)-X(t)$，$t\in T$，如果 $\{Y(t),\ t\in T\}$ 是平稳过程，则称 $\{X(t),\ t\in T\}$ 为平稳增量过程.

例 8.3 设 $\{X_n,\ n=1,\ 2,\ \cdots\}$ 是互不相关的随机变量序列，且 $X_k\sim N(0,\ \sigma^2)$，$k=1,\ 2,\ \cdots$，试讨论 $\{X_n,\ n=1,\ 2,\ \cdots\}$ 的平稳性.

解

$$\forall n\geqslant 1,\ m_X(n)=E[X_n]=0,$$

$$\forall m,\ n\geqslant 1,\ R_X(m,\ n)=E[X_mX_n]=\begin{cases}\sigma^2, & m=n,\\ 0, & m\neq n.\end{cases}$$

所以，$\{X_n,\ n=1,\ 2,\ \cdots\}$ 具有平稳性，称 $\{X_n,\ n=1,\ 2,\ \cdots\}$ 为平稳随机序列.

例 8.4 若 $\{A_n,\ n=1,\ 2,\ \cdots\}$ 和 $\{B_n,\ n=1,\ 2,\ \cdots\}$ 是互不相关的白噪声序列，

$$E(A_n)=E(B_n)=0,\ \sum_{n=1}^{\infty}\sigma_n^2<+\infty,\ E[A_nA_m]=E[B_mB_n]=\sigma_m\sigma_n\delta_{mn}=\begin{cases}\sigma_n^2, & m=n,\\ 0, & m\neq n.\end{cases}$$

令 $X(t)=\sum_{n=1}^{\infty}A_n\cos\omega_nt+B_n\sin\omega_nt$，$\omega_n$ 为常数，则 $\{X(t),\ t\in T\}$ 为平稳序列.

证明 $E[X(t)]=\sum_{n=1}^{\infty}E(A_n)\cos\omega_nt+E(B_n)\sin\omega_nt=0.$

$$R(t,\ t+\tau)=E[X(t)X(t+\tau)]$$

$$=\sum_{n=1}^{\infty}E(A_n^2)\cos\omega_nt\cos\omega_n(t+\tau)+\sum_{n=1}^{\infty}\sum_{m=1}^{\infty}E(A_mB_n)[\cos\omega_mt\sin\omega_n(t+\tau)+$$

$$\sin\omega_nt\cos\omega_m(t+\tau)]+\sum_{n=1}^{\infty}E(B_n^2)\sin\omega_nt\sin\omega_n(t+\tau)$$

$$=\sum_{n=1}^{\infty}\sigma_n^2\cos\omega_n\tau=R(\tau).$$

且 $E[X^2(t)]=\sum_{n=1}^{\infty}\sigma_n^2<+\infty$.

故 $\{X(t), t\in T\}$ 为平稳过程.表明具有随机振幅的随机振动中,若不同频率的振幅互不相关,则它的有限、无限叠加都是平稳过程.

例 8.5　设$\{X(t), t\geqslant 0\}$是只取± 1两个值的过程,其符号的改变次数是参数为 λ 的 Poisson 过程 $\{N(t), t\geqslant 0\}$,且 $\forall t\geqslant 0$, $P\{X(t)=-1\}=P\{X(t)=1\}=\frac{1}{2}$,试讨论 $\{X(t), t\in T\}$ 的平稳性.

解　$m_X(t)=E[X(t)]=-1\times\frac{1}{2}+1\times\frac{1}{2}=0$.

$$\begin{aligned}
R_X(t, t+\tau)&=E[X(t)X(t+\tau)]=P\{X(t)X(t+\tau)=1\}-P\{X(t)X(t+\tau)=-1\}\\
&=P\{\bigcup_{k=0}^{\infty}(N(|\tau|)=2k)\}-P\{\bigcup_{k=0}^{\infty}(N(|\tau|)=2k+1)\}\\
&=\sum_{k=0}^{\infty}P\{N(|\tau|)=2k\}-\sum_{k=0}^{\infty}P\{N(|\tau|)=2k+1\}\\
&=\sum_{k=0}^{\infty}\frac{(\lambda|\tau|)^{2k}}{(2k)!}e^{-\lambda|\tau|}-\sum_{k=0}^{\infty}\frac{(\lambda|\tau|)^{2k+1}}{(2k+1)!}e^{-\lambda|\tau|}\\
&=e^{-\lambda|\tau|}\sum_{k=0}^{\infty}\frac{(-\lambda|\tau|)^k}{(k)!}=e^{-\lambda|\tau|}\cdot e^{-\lambda|\tau|}=e^{-2\lambda|\tau|}.
\end{aligned}$$

所以 $\{X(t), t\geqslant 0\}$ 是平稳过程.

8.2　平稳过程及其相关函数的性质

1. 平稳过程相关函数的性质

性质 1　$R(0)\geqslant 0$;因为 $R(0)=E[X^2(t)]\geqslant 0$.

性质 2　$|R(\tau)|\leqslant R(0)$.

由许瓦兹不等式

$$E|XY|\leqslant\sqrt{E(X^2)}\sqrt{E(Y^2)},$$

所以

$$\begin{aligned}
|R(\tau)|&=|E[X(t)X(t+\tau)]|\leqslant\sqrt{E[X^2(t)]}\sqrt{E[X^2(t+\tau)]}\\
&=\sqrt{R(0)}\sqrt{R(0)}=R(0).
\end{aligned}$$

同理,$|C(\tau)|\leqslant C(0)$.

性质 3　实平稳过程的相关函数是偶函数,即:$R(-\tau)=R(\tau)$.

因为 $R(\tau)=E[X(t)X(t+\tau)]=E[X(t+\tau)X(t)]=R(-\tau)$.

性质 4 $R(\tau)$是非负定的,即对任意实数 $\tau_1, \tau_2, \cdots, \tau_n$ 和 $x_1, x_2, \cdots, x_n$ 都有

$$\sum_{i=1}^{N}\sum_{j=1}^{N}R(\tau_i-\tau_j)x_ix_j\geqslant 0.$$

证明

$$\begin{aligned}\sum_{i=1}^{N}\sum_{j=1}^{N}R(\tau_i-\tau_j)x_ix_j&=\sum_{i=1}^{N}\sum_{j=1}^{N}E[X(\tau_i)X(\tau_j)]x_ix_j\\&=E[\sum_{i=1}^{N}\sum_{j=1}^{N}X(\tau_i)X(\tau_j)x_ix_j]\\&=E[\sum_{i=1}^{N}X(\tau_i)x_i]^2\geqslant 0.\end{aligned}$$

性质 5 $R(\tau)$在 $(-\infty, +\infty)$ 连续的充要条件 $R(\tau)$是在点 $\tau=0$ 连续.

证明 必要性:显然成立.

充分性:设 $R(\tau)$是在点 $\tau=0$ 连续,则 $\lim\limits_{\Delta\tau\to 0}R(\Delta\tau)=R(0)$.

$$\begin{aligned}|R(\tau+\Delta\tau)-R(\tau)|^2&=|E[X(\tau+\Delta\tau+t)X(t)]\\&\quad -E[X(\Delta\tau+t)X(t+\tau+\Delta\tau)]|^2\\&=|E[X(t+\Delta\tau+\tau)][X(t)-X(t+\Delta\tau)]|^2\\&\leqslant E[X(t+\Delta\tau+\tau)]^2E[X(t)-X(t+\Delta\tau)]^2\\&=R(0)[R(0)-2R(\Delta\tau)+R(0)]\\&=2R(0)[R(0)-R(\Delta\tau)].\end{aligned}$$

因此 $\lim\limits_{\Delta\tau\to 0}R(\tau+\Delta\tau)=R(\tau)$, 即 $R(\tau)$是在$(-\infty, +\infty)$连续.

性质 6 如果 $X(t)$是周期为 L 的周期平稳过程,则 $R(\tau)$也是周期为 L 的周期函数.

性质 7 设 $\{X(t), t\in T\}$ 是不含周期分量的实平稳过程,且当 $|\tau|\to\infty$ 时, $X(t)$ 与 $X(t+\tau)$ 之间不相关,则

$$\lim_{|\tau|\to\infty}R_X(\tau)=R(\infty)=m_X^2,\ D(t)=R(0)-R(\infty).$$

证明 对于非周期的平稳过程,当 $|\tau|$ 增大时, $X(t)$ 与 $X(t+\tau)$ 之间的相关性减弱,且当 $|\tau|\to\infty$ 时,两者不相关,因此

$$\lim_{|\tau|\to\infty}R(\tau)=\lim_{|\tau|\to\infty}E[X(t)X(t+\tau)]=\lim_{|\tau|\to\infty}E[X(t)]E[X(t+\tau)]=m_X^2,$$

$$D(t)=E[X^2(t)]-E[X(t)]^2=R(0)-R(\infty).$$

2. 联合平稳过程互相关函数的性质

设平稳过程 $\{X(t), t\in T\}$ 和 $\{Y(t), t\in T\}$ 为实联合平稳的随机过程,其互相关函数和互协方差函数为 $R_{XY}(\tau)=E[X(t)Y(t+\tau)]$, $C_{XY}(\tau)=R_{XY}(\tau)-m_Xm_Y$.

性质 1　$R_{XY}(\tau)=R_{XY}(-\tau)$.

性质 2　$|R_{XY}(\tau)|\leqslant\sqrt{R_X(0)}\sqrt{R_Y(0)}$, $|C_{XY}(\tau)|\leqslant\sqrt{C_X(0)}\sqrt{C_Y(0)}$.

性质 3　$Z(t)=X(t)+Y(t)$，则 $\{Z(t),\ t\in T\}$ 也是平稳过程，且

$$R_Z(\tau)=R_X(\tau)+R_Y(\tau)+R_{XY}(\tau)+R_{YX}(\tau).$$

若 $\{X(t),\ t\in T\}$ 和 $\{Y(t),\ t\in T\}$ 正交，对任意 $-\infty<s<t<+\infty$，$E[X(s)Y(t)]=0$，从而 $R_{XY}(\tau)=R_{YX}(\tau)=0$，则 $R_Z(\tau)=R_X(\tau)+R_Y(\tau)$.

8.3　平稳过程的均方遍历性

在很多实际问题中，需要知道过程的有限维分布来确定随机过程的统计特征，例如：均值和相关函数等，然而处理这种类似的问题并不容易，工作量巨大.根据平稳过程的统计特征与计时起点无关的这个特点，我们思考这个问题：能否从一次实验所获得的一个样本函数来决定平稳过程的统计特征呢？回答是肯定的，即对于平稳过程，只要满足一定的条件，它的统计平均就可以用一个样本函数在整个时间轴上的平均来代替.

遍历性定理也称为各态历经性定理，就是研究时间平均代替统计平均所应具备的条件.如果一个随机过程具备遍历性，就可以认为这个随机过程的各样本函数都经历了相同的各种可能状态.因此只要研究它的一个样本函数就可以得到随机过程的全部信息，这说明遍历性在平稳过程的理论研究和实际应用中都占有重要地位.

下面先介绍随机过程 $\{X(t),\ t\in R\}$ 沿时间轴上的两个时间平均的概念.

定义 8.7　(1) 如果下列均方极限存在：$\langle X(t)\rangle\overset{\text{def}}{=\!=}\underset{T\to\infty}{\mathrm{l.i.m}}\dfrac{1}{2T}\displaystyle\int_{-T}^{T}X(t)\mathrm{d}t$，① 则称 $\langle X(t)\rangle$ 为随机过程$\{X(t),\ -\infty<t<+\infty\}$ 的时间均值.

(2) 如果下列均方极限存在：$\langle X(t)X(t+\tau)\rangle\overset{\text{def}}{=\!=}\mathrm{l.i.m}\dfrac{1}{2T}\displaystyle\int_{-T}^{T}X(t)X(t+\tau)\mathrm{d}t$，则称 $\langle X(t)X(t+\tau)\rangle$ 为随机过程 $\{X(t),\ -\infty<t<+\infty\}$ 的时间自相关函数.

定义 8.8　设 $\{X(t),\ -\infty<t<+\infty\}$ 是平稳过程.

(1) 如果 $P\{\langle X(t)\rangle=m_X\}=1$，即 $\langle X(t)\rangle=m_X$ 以概率 1 成立，

则称平稳过程 $\{X(t),\ -\infty<t<+\infty\}$ 的均值具有均方遍历性.

(2) 如果 $P\{\langle X(t)X(t+\tau)\rangle=R_X(\tau)\}=1$，即 $\langle X(t)X(t+\tau)\rangle=R_X(\tau)$ 以概率 1 成立，则称 $\{X(t),\ -\infty<t<+\infty\}$ 的自相关函数具有均方遍历性.

(3) 如果平稳过程 $\{X(t),\ -\infty<t<+\infty\}$ 的均值和自相关函数都具有均方遍历性，则称平稳过程 $\{X(t),\ -\infty<t<+\infty\}$ 具有均方遍历性(各态历经性).换句话说，随

---

① 若 $\lim\limits_{n\to\infty}E|X_n-X|^2=0$，则称$\{X_n,\ n\geqslant 1\}$ 均方收敛于 X，记：$\underset{n\to\infty}{\mathrm{l.i.m}}X_n=X$.

机过程 $\{X(t), -\infty < t < +\infty\}$ 是均方遍历的平稳过程.

一个平稳过程应该满足什么条件才是遍历的平稳过程?

定理 8.3 平稳过程 $\{X(t), -\infty < t < +\infty\}$ 的均值具有均方遍历性的充要条件如下:

$$\lim_{T\to\infty}\frac{1}{T}\int_0^{2T}\left(1-\frac{\tau}{2T}\right)[R_X(\tau)-m_X^2]\mathrm{d}\tau=0.$$

证明 由定义,平稳过程 $\{X(t), -\infty < t < +\infty\}$ 的均值具有遍历性的充要条件为

$$P\{\langle X(t)\rangle = E[X(t)]\}=1.$$

由概率论知识,对于随机变量 X 而言:

$$P\{X=E(X)\}=1 \Leftrightarrow D(X)=0.$$

故此,要证明定理,只需证明:

$$E\langle X(t)\rangle = E[X(t)]=m_X,\ D\langle X(t)\rangle = 0,$$

则:

$$E\langle X(t)\rangle \overset{\text{def}}{=\!=\!=} E\left[\mathrm{l.i.m}\frac{1}{2T}\int_{-T}^{T}X(t)\mathrm{d}t\right]=\lim_{T\to\infty}\frac{1}{2T}\int_{-T}^{T}E[X(t)]\mathrm{d}t=m_X=E[X(t)].$$

$$E(\langle X(t)\rangle)^2 \overset{\text{def}}{=\!=\!=} E\left[\mathrm{l.i.m}\frac{1}{2T}\int_{-T}^{T}X(t)\mathrm{d}t\right]^2=\lim_{T\to\infty}\frac{1}{4T^2}E\left[\int_{-T}^{T}X(t)\mathrm{d}t\right]^2 \text{(作变量替换)}$$

$$=\lim_{T\to\infty}\frac{1}{4T^2}\cdot 2\int_0^{2T}(2T-\tau)R_X(\tau)\mathrm{d}\tau.$$

因此 $D\langle X(t)\rangle = E[\langle X(t)\rangle]^2-[E\langle X(t)\rangle]^2=\lim\limits_{T\to\infty}\dfrac{1}{2T^2}\displaystyle\int_0^{2T}(2T-\tau)R_X(\tau)\mathrm{d}\tau - m_X^2$

$$=\lim_{T\to\infty}\frac{1}{T}\int_0^{2T}\left(1-\frac{\tau}{2T}\right)[R_X(\tau)-m_X^2]\mathrm{d}\tau=0.$$

其中 $\lim\limits_{T\to\infty}\dfrac{1}{T}\displaystyle\int_0^{2T}\left(1-\frac{\tau}{2T}\right)\mathrm{d}\tau=1$.

推论 8.1 若平稳过程 $\{X(t), -\infty < t < +\infty\}$ 满足条件 $\lim\limits_{\tau\to\infty}R_X(\tau)=m_X^2$, 即 $\lim\limits_{\tau\to\infty}C_X(\tau)=0$ 则 $\{X(t), -\infty < t < +\infty\}$ 关于均值具有均方遍历性.

证明 任给 $\varepsilon > 0$, 存在正数 T_1, 当 $\tau > T_1$, 有

$$|R_X(\tau)-m_X^2| < \varepsilon,$$

$$\left|\frac{1}{T}\int_0^{2T}\left(1-\frac{\tau}{2T}\right)[R_X(\tau)-m_X^2]\mathrm{d}\tau\right| \leqslant \frac{1}{T}\int_0^{2T} | R_X(\tau)-m_X^2 | \mathrm{d}\tau$$
$$=\frac{1}{T}\int_0^{T_1} | C_X(\tau) | \mathrm{d}\tau+\frac{1}{T}\int_{T_1}^{2T} | R_X(\tau)-m_X^2 | \mathrm{d}\tau$$
$$\leqslant \frac{T_1}{T}C_X(0)+\frac{2T-T_1}{T}\varepsilon \leqslant \frac{T_1}{T}C_X(0)+2\varepsilon.$$

取 $T>\dfrac{T_1C_X(0)}{\varepsilon}$，则

$$\left|\frac{1}{T}\int_0^{2T}\left(1-\frac{\tau}{2T}\right)[R_X(\tau)-m_X^2]\mathrm{d}\tau\right|<3\varepsilon，得证.$$

定理 8.4　自相关函数的均方遍历性定理.

若平稳过程 $\{X(t), -\infty<t<+\infty\}$ 的四阶矩存在，则其自相关函数具有均方遍历性的充要条件为

$$\lim_{T\to\infty}\frac{1}{T}\int_0^{2T}\left(1-\frac{v}{2T}\right)[B(v)-R^2(\tau)]\mathrm{d}v=0,$$

其中 $B(u)=E[X(t)X(t+\tau)X(t+u)X(t+\tau+u)]$.

证明　由自相关函数均方遍历性定义和概率论知道：$\{X(t), -\infty<t<+\infty\}$ 自相关函数具有均方遍历性

$$\Leftrightarrow P\{\langle X(t)X(t+\tau)\rangle=R(\tau)\}=1,$$
$$\Leftrightarrow D\langle X(t)X(t+\tau)\rangle=0,\ E\langle X(t)X(t+\tau)\rangle=R(\tau).$$

为此我们做如下计算，利用平稳性

$$E\langle X(t)X(t+\tau)\rangle \xlongequal{\text{def}} E[\underset{T\to\infty}{\text{l.i.m}}\frac{1}{2T}\int_{-T}^{T}X(t)X(t+\tau)\mathrm{d}t]$$
$$=\lim_{T\to\infty}\frac{1}{2T}\int_{-T}^{T}E[X(t)X(t+\tau)]\mathrm{d}t=R(\tau),$$

$$E\langle X(t)X(t+\tau)\rangle^2=\lim_{T\to\infty}\frac{1}{4T^2}\int_{-T}^{T}\int_{-T}^{T}E[X(s)X(s+\tau)X(t)X(t+\tau)]\mathrm{d}s\mathrm{d}t$$

作变换，

$$\begin{cases}u=s\\ v=t-s\end{cases}\Rightarrow\begin{cases}s=u\\ t=u+v\end{cases},\ |J|=\frac{\delta(s,t)}{\delta(u,v)}=1,$$

$$D:\begin{cases}-T<s<T\\ -T<t<T\end{cases};\ G:\begin{cases}-T<u<T\\ -T<u+v<T\end{cases}.$$

$$\int_{-T}^{T}\int_{-T}^{T}E[X(s)X(s+\tau)X(t)X(t+\tau)]\mathrm{d}s\,\mathrm{d}t=\iint_G B(v)\,\mathrm{d}u\,\mathrm{d}v$$
$$=2\int_0^{2T}B(v)\mathrm{d}v\int_{-T}^{T-v}\mathrm{d}u$$
$$=2\int_0^{2T}(2T-v)B(v)\mathrm{d}v.$$

所以

$$E\langle X(t)X(t+\tau)\rangle^2=\lim_{T\to\infty}\frac{1}{T}\int_0^{2T}\left(1-\frac{v}{2T}\right)B(v)\mathrm{d}v,$$

$$D\langle X(t)X(t+\tau)\rangle=E\langle X(t)X(t+\tau)\rangle^2-[E\langle X(t)X(t+\tau)\rangle]^2$$
$$=\lim_{T\to\infty}\frac{1}{T}\int_0^{2T}\left(1-\frac{v}{2T}\right)B(v)\mathrm{d}v-R^2(\tau)$$
$$=\lim_{T\to\infty}\frac{1}{T}\int_0^{2T}\left(1-\frac{v}{2T}\right)[B(v)-R^2(\tau)]\mathrm{d}v.$$

因此自相关函数具有均方遍历性的充要条件为

$$D\langle X(t)X(t+\tau)\rangle=\lim_{T\to\infty}\frac{1}{T}\int_0^{2T}\left(1-\frac{v}{2T}\right)[B(v)-R^2(\tau)]\mathrm{d}v=0.$$

注：实际应用中，通常只考虑定义在 $0\leqslant t<+\infty$ 的平稳过程，因此

$$\langle X(t)\rangle\xlongequal{\text{def}}\underset{T\to\infty}{\text{l.i.m}}\frac{1}{T}\int_0^T X(t)\mathrm{d}t.$$

例 8.6 随机相位正弦波 $X(t)=a\cos(\omega t+\theta)$，其中，$a$ 和 ω 为常数，θ 在 $[0,\ 2\pi]$ 上均匀分布.讨论其均方遍历性.

解 容易验证：$m_X=0$，$R_X(\tau)=\dfrac{a^2}{2}\cos\omega\tau$.

时间平均：

$$\langle X(t)\rangle\xlongequal{\text{def}}\underset{T\to\infty}{\text{l.i.m}}\frac{1}{2T}\int_{-T}^{T}X(t)\mathrm{d}t=\underset{T\to\infty}{\text{l.i.m}}\frac{1}{2T}\int_{-T}^{T}a\cos(\omega t+\theta)\mathrm{d}t$$
$$=\underset{T\to\infty}{\text{l.i.m}}\frac{a\cos\theta\sin\omega T}{\omega T}=0,$$

$$\langle X(t)X(t+\tau)\rangle\xlongequal{\text{def}}\underset{T\to\infty}{\text{l.i.m}}\frac{1}{2\pi}\int_{-T}^{T}X(t)X(t+\tau)\mathrm{d}t$$
$$=\underset{T\to\infty}{\text{l.i.m}}\frac{1}{2\pi}\int_{-T}^{T}a\cos(\omega t+\theta)a\cos(\omega(t+\tau)+\theta)\mathrm{d}t$$
$$=\underset{T\to\infty}{\text{l.i.m}}\frac{1}{2T}\cdot\frac{a^2}{2}\int_{-T}^{T}[\cos(2\omega t+\omega\tau+2\theta)+\cos\omega\tau]\mathrm{d}t$$

$$=\frac{a^2}{2}\cos\omega\tau=R_X(\tau).$$

由此可知：随机相位正弦波是均方遍历的平稳过程.

例 8.7　讨论随机电报信号的均值的均方遍历性.

解　均值和相关函数为

$$E[X(t)]=0,\ R_X(\tau)=I^2\mathrm{e}^{2\lambda|\tau|},$$

则

$$\lim_{T\to\infty}\frac{1}{T}\int_0^{2T}\left(1-\frac{\tau}{2T}\right)[R_X(\tau)-m_X^2]\mathrm{d}\tau=\lim_{T\to\infty}\frac{1}{T}\int_0^{2T}\left(1-\frac{\tau}{2T}\right)I^2\mathrm{e}^{-2\lambda\tau}\mathrm{d}\tau$$

$$=\lim_{T\to\infty}\frac{I^2}{T}\cdot\frac{1}{(-2\lambda)}\left[\left(1-\frac{\tau}{2T}\right)\mathrm{e}^{-2\lambda\tau}+\frac{1}{2T(-2\lambda)}\mathrm{e}^{-2\lambda\tau}\right]\Bigg|_0^{2T}$$

$$=\lim_{T\to\infty}\frac{I^2}{2\lambda T}\left[1+\frac{1-\mathrm{e}^{-4\lambda T}}{4\lambda T}\right]=0.$$

故随机电报信号关于均值具有均方遍历性.

8.4　平稳过程的谱密度

我们知道，具有互不相关的随机振幅的正弦波的叠加构成的随机过程是平稳过程，其相关函数也是由一些相同频率的正弦波叠加而成.因此，反过来，任何一个平稳过程能否也可以表示为许多正弦波的叠加呢？这正是我们下面所要探讨的.

8.4.1　平稳过程的谱函数和(功率)谱密度

无线电技术中的随机信号就是随机过程.运用傅立叶变换研究信号的频率特性，从而引进功率、能量、功率谱密度等概念.类似的，我们引入这些概念.

1. 平稳过程相关函数的谱分解

定理 8.5　(Wiener Khinchin 维纳-辛钦定理)：设 $\{X(t),-\infty<t<+\infty\}$ 为均方连续的平稳过程，相关函数为 $R(\tau)$，则必存在一个有界、非降、右连续的函数，使得

$$R(\tau)=\frac{1}{2\pi}\int_{-\infty}^{+\infty}\mathrm{e}^{i\omega t}\mathrm{d}F(\omega).$$

称函数 $F(\omega)$为平稳过程 $\{X(t),-\infty<t<+\infty\}$ 的谱函数，上式也称为相关函数的谱分解式.

当$\int_{-\infty}^{+\infty}|F(\omega)|\mathrm{d}\omega<+\infty$时，$R(\tau)=\frac{1}{2\pi}\int_{-\infty}^{+\infty}S(\omega)\mathrm{e}^{i\omega\tau}\mathrm{d}\omega$，其中 $S(\omega)=\frac{\mathrm{d}F(\omega)}{\mathrm{d}\omega}$ 称为

平稳过程 $\{X(t), -\infty < t < +\infty\}$ 的谱密度.

反之,当 $\int_{-\infty}^{+\infty} |R(\tau)| d\tau < +\infty$ 时,必存在连续谱密度 $S(\omega)$,且 $S(\omega) = \int_{-\infty}^{+\infty} R(\tau) e^{-i\omega\tau} d\tau$.

因此,平稳过程 $\{X(t), -\infty < t < +\infty\}$ 的谱密度 $S(\omega)$ 和相关函数 $R(\tau)$ 构成一对傅氏变换,即

$$\begin{cases} S(\omega) = F[R(\tau)] = \int_{-\infty}^{+\infty} R(\tau) e^{-i\omega\tau} d\tau, \\ R(\tau) = F^{-1}[S(\omega)] = \dfrac{1}{2\pi} \int_{-\infty}^{+\infty} S(\omega) e^{i\omega\tau} d\omega. \end{cases}$$

这个公式称为维纳-辛钦公式,分别从时域和频域两个角度描述了平稳过程的统计规律之间的联系,它是工程技术的重要工具.

对于平稳序列 $\{X(n), n=0, \pm 1, \pm 2, \cdots\}$,当 $\sum_{n=-\infty}^{+\infty} |R(n)| < +\infty$,对应的维纳-辛钦公式

$$S(\omega) = \sum_{n=-\infty}^{+\infty} R(n) e^{-in\omega}, \quad R(n) = \frac{1}{2\pi} \int_{-\pi}^{\pi} S(\omega) e^{in\omega} d\omega.$$

2. 谱密度的物理意义

设 $\{X(t), -\infty < t < +\infty\}$ 为平稳过程,令 $F_X(\omega, T) = \int_{-T}^{T} X(t) e^{-i\omega t} dt$.

定义 8.9 记 $\tilde{S}_X(\omega) = \lim_{T \to +\infty} \frac{1}{2T} E[|F_X(\omega, T)|^2]$,称为平稳过程 $\{X(t), -\infty < t < +\infty\}$ 的功率谱密度.

称 $\lim_{T \to \infty} E\left[\frac{1}{2T} \int_{-T}^{T} |X(t)|^2 dt\right]$ 为平稳过程 $\{X(t), -\infty < t < +\infty\}$ 的平均功率.

对于平稳过程 $\{X(t), -\infty < t < +\infty\}$,其平均功率为

$$\lim_{T \to \infty} E\left[\frac{1}{2T} \int_{-T}^{T} |X(t)|^2 dt\right] = \lim_{T \to \infty} \frac{1}{2T} \int_{-T}^{T} E|X(t)|^2 dt = R(0) = E|X(t)|^2 = \Psi_X.$$

可见,平稳过程的平均功率就是它的均方值.因此,平稳过程 $\{X(t), -\infty < t < +\infty\}$ 的平均功率为

$$\Psi_X = \frac{1}{2\pi} \int_{-\infty}^{+\infty} \tilde{S}_X(\omega) d\omega,$$

也称为平稳过程的平均功率谱表达式.

平稳过程 $\{X(t), -\infty<t<+\infty\}$ 的功率谱密度 $\tilde{S}_X(\omega)$ 是从频率的角度来描述平稳过程的统计规律的主要数字特征.

定理 8.6　设平稳过程 $\{X(t), -\infty<t<+\infty\}$，若 $\int_{-\infty}^{+\infty}|R(\tau)|\mathrm{d}\tau<+\infty$，则平稳过程的谱密度 $S(\omega)$就是功率谱密度 $\tilde{S}_X(\omega)$：

$$S(\omega)=\tilde{S}_X(\omega)=\int_{-\infty}^{+\infty}R(\tau)\mathrm{e}^{-i\omega\tau}\mathrm{d}\tau.$$

证明　由于 $\int_{-\infty}^{+\infty}|R(\tau)|\mathrm{d}\tau<+\infty$，则有：$S(\omega)=\int_{-\infty}^{+\infty}R(\tau)\mathrm{e}^{-i\omega\tau}\mathrm{d}\tau$.

利用平稳过程的性质：

$$\begin{aligned}\frac{1}{2T}E\left[\left|\int_{-T}^{T}X(t)\mathrm{e}^{-i\omega t}\mathrm{d}t\right|^2\right]&=\frac{1}{2T}E\left[\int_{-T}^{T}X(t_1)\mathrm{e}^{-i\omega t_1}\mathrm{d}t_1\int_{-T}^{T}\overline{X(t_2)}\mathrm{e}^{i\omega t_2}\mathrm{d}t_2\right]\\&=\frac{1}{2T}\int_{-T}^{T}\int_{-T}^{T}E[X(t_1)\overline{X(t_2)}\mathrm{e}^{-i\omega(t_1-t_2)}\mathrm{d}t_1\mathrm{d}t_2]\\&=\frac{1}{2T}\int_{-T}^{T}\int_{-T}^{T}R(t_2-t_1)\mathrm{e}^{-i\omega(t_1-t_2)}\mathrm{d}t_1\mathrm{d}t_2.\end{aligned}$$

令

$$\begin{cases}\tau=t_2-t_1,\\u=t_1+t_2,\end{cases}$$

则原式$=\dfrac{1}{2T}\displaystyle\int_{-2T}^{2T}[2T-|\tau|]R(\tau)\mathrm{e}^{-i\omega\tau}\mathrm{d}\tau$

$$=\int_{-2T}^{2T}R(\tau)\mathrm{e}^{-i\omega\tau}\mathrm{d}\tau-\frac{1}{2T}\int_{-2T}^{2T}|\tau|R(\tau)\mathrm{e}^{-i\omega\tau}\mathrm{d}\tau.$$

由 $\int_{-\infty}^{+\infty}|R(\tau)|\mathrm{d}\tau<+\infty$，易证：$\lim\limits_{T\to\infty}\dfrac{1}{2T}\displaystyle\int_{-2T}^{2T}|\tau|R(\tau)\mathrm{e}^{-i\omega\tau}\mathrm{d}\tau=0$.

因此

$$\tilde{S}_X(\omega)=\lim_{T\to\infty}\frac{1}{2T}E\left[\left|\int_{-T}^{T}X(t)\mathrm{e}^{-i\omega t}\mathrm{d}t\right|^2\right]=\int_{-\infty}^{+\infty}R(\tau)\mathrm{e}^{-i\omega\tau}\mathrm{d}\tau=S(\omega).$$

8.4.2　平稳过程谱密度的性质和计算

定理 8.7　平稳过程的谱密度是非负的实函数，实平稳过程的谱密度则是非负的实偶函数.

证明　谱密度 $S(\omega)$的非负性可由 $S(\omega)=\tilde{S}(\omega)$ 的定义得出.

谱密度 $S(\omega)$是实函数，因为

$$\overline{S(\omega)}=\int_{-\infty}^{+\infty}\overline{R(\tau)}\mathrm{e}^{i\omega\tau}\mathrm{d}\tau=\int_{-\infty}^{+\infty}R(-\tau)\mathrm{e}^{i\omega\tau}\mathrm{d}\tau=\int_{-\infty}^{+\infty}R(\tau)\mathrm{e}^{-i\omega\tau}\mathrm{d}\tau=S(\omega).$$

实平稳过程的相关函数 $R(\tau)$ 是偶函数，即：$R(-\tau)=R(\tau)$. 因此

$$S(-\omega)=\int_{-\infty}^{+\infty}R(\tau)e^{i\omega\tau}d\tau=\int_{-\infty}^{+\infty}R(-\tau)e^{-i\omega\tau}d\tau=\int_{-\infty}^{+\infty}R(\tau)e^{-i\omega\tau}d\tau=S(\omega).$$

即实平稳过程的谱密度 $S(\omega)$ 是偶函数.

在实际问题中，我们经常遇到一些平稳过程，它们的相关函数或谱密度含有 δ 函数，下面给出 δ 函数的定义.

令 $\delta(x)=\begin{cases}+\infty, & x=0,\\ 0, & x\neq 0,\end{cases}$ $\int_{-\infty}^{+\infty}\delta(x)dx=1.$

平稳过程的谱密度和相关函数有如下性质：

性质 1 线性性质：如果 $S_1(\omega)=F[R_1(\tau)]$，$S_2(\omega)=F[R_2(\tau)]$，则

$$F[a_1R_1(\tau)+a_2R_2(\tau)]=a_1S_1(\omega)+a_2S_2(\omega),$$

$$F^{-1}[a_1S_1(\omega)+a_2S_2(\omega)]=a_1R_1(\tau)+a_2R_2(\tau).$$

性质 2 相似性质：如果 $S(\omega)=F[R(\tau)]$，$a\neq 0$，则 $F[R(at)]=\frac{1}{|a|}S\left(\frac{\omega}{a}\right)$.

性质 3 对于任意连续函数 $f(x)$，有

$$\int_{-\infty}^{+\infty}\delta(x)f(x)dx=f(0),\ \int_{-\infty}^{+\infty}f(x)\delta(x-x_0)dx=f(x_0).$$

性质 4 时间和频率的位移性质：如果 $S(\omega)=F[R(\tau)]$，则

$$F[R(\tau\pm\tau_0)]=e^{\pm i\omega\tau_0}S(\omega),\ F[R(\tau)e^{\pm i\omega_0\tau}]=S(\omega\mp\omega_0),$$

$$F[\cos\beta\tau]=\pi[\delta(\omega-\beta)+\delta(\omega+\beta)],$$

$$F^{-1}\{\pi[\delta(\omega-\beta)+\delta(\omega+\beta)]\}=\cos\beta\tau.$$

性质 5 对称性：设 $S(\omega)=F[R(\tau)]$，则

$$F[S(\tau)]=2\pi R(-\omega).$$

性质 6 微分性质：如果平稳过程 $\{X(t),\ -\infty<t<+\infty\}$ 均方可导，则导过程的相关函数和谱密度分别为

$$R_{X'}(\tau)=-R''_X(\tau),\ S_{X'}(\omega)=\omega^2S_X(\omega).$$

性质 7 卷积性质：设 $S_1(\omega)=F[R_1(\tau)]$，$S_2(\omega)=F[R_2(\tau)]$，则

$$F[R_1(\tau)*R_2(\tau)]=S_1(\omega)\cdot S_2(\omega),\ F^{-1}[S_1(\omega)S_2(\omega)]=R_1(\tau)*R_2(\tau).$$

其中卷积定义：$R_1(\tau)*R_2(\tau)=\int_{-\infty}^{+\infty}R_1(t)R_2(\tau-t)dt$,

$$F[R_1(\tau)R_2(\tau)]=\frac{1}{2\pi}S_1(\omega)*S_2(\omega)=\frac{1}{2\pi}\int_{-\infty}^{+\infty}S_1(\tau)S_2(\omega-\tau)\mathrm{d}\tau.$$

例 8.9　(离散白噪声)设 $\{X(n),\ n=0,\ \pm1,\ \pm2,\ \cdots\}$ 是实的互不相关的随机变量序列,且 $E[X(n)]=0,\ D[X(n)]=\sigma^2$.

则相关函数:

$$R(\tau)=E[X(n)X(n+\tau)]=\begin{cases}\sigma^2, & \tau=0,\\ 0, & \tau\neq 0.\end{cases}$$

则谱密度　$S(\omega)=\sum\limits_{m=-\infty}^{\infty}R(m)\mathrm{e}^{-im\omega}=\sigma^2,\ (-\pi\leqslant\omega\leqslant\pi).$

离散白噪声普遍存在于各类波动现象中,例如:电子发射波的波动,通信设备中电流或电压的波动等.它是一类比较简单的随机干扰模型.

例 8.9　连续参数白噪声 $\{X(t),\ -\infty<t<+\infty\}$,均值 $E[X(t)]=0$,相关函数为

$$R(\tau)=\sigma^2\delta(\tau).$$

则谱密度　$S(\omega)=\int_{-\infty}^{+\infty}R(\tau)\mathrm{e}^{-i\omega\tau}\mathrm{d}\tau=\sigma^2\int_{-\infty}^{+\infty}\delta(\tau)\mathrm{e}^{-i\omega\tau}\mathrm{d}\tau=\sigma^2.$

因此,连续白噪声的谱密度为常数,且 $F[\delta(\tau)]=1,\ F^{-1}[1]=\delta(\tau).$

例 8.10　随机电报信号 $\{X(t),\ -\infty<t<+\infty\}$ 的相关函数为

$$R(\tau)=a\mathrm{e}^{-\alpha|\tau|}\quad(a=I^2,\ \alpha=2\lambda).$$

则谱密度

$$\begin{aligned}S(\omega)&=\int_{-\infty}^{+\infty}R(\tau)\mathrm{e}^{-i\omega\tau}\mathrm{d}t=a\int_{-\infty}^{+\infty}\mathrm{e}^{-\alpha|\tau|}\mathrm{e}^{-i\omega\tau}\mathrm{d}\tau\\&=a\left[\int_{-\infty}^{0}\mathrm{e}^{(\alpha-i\omega)\tau}\mathrm{d}\tau+\int_{0}^{+\infty}\mathrm{e}^{-(\alpha+i\omega)\tau}\mathrm{d}\tau\right]=\frac{2a\alpha}{\omega^2+\alpha^2}=\frac{4I^2\lambda}{\omega^2+4\lambda^2}.\end{aligned}$$

从而

$$F^{-1}\left[\frac{2\alpha}{\omega^2+\alpha^2}\right]=\mathrm{e}^{-\alpha|\tau|};\ F[\mathrm{e}^{-\alpha|\tau|}]=\frac{2\alpha}{\omega^2+\alpha^2}.$$

例 8.11　低通白噪声的谱密度为

$$S(\omega)=\begin{cases}S_0, & |\omega|<\omega_0,\\ 0, & |\omega|\geqslant\omega_0.\end{cases}$$

则相关函数

$$R(\tau)=F^{-1}[S(\omega)]=\frac{1}{2\pi}\int_{-\infty}^{+\infty}S(\omega)\mathrm{e}^{i\omega\tau}\mathrm{d}\omega=\frac{1}{2\pi}\int_{-\omega_0}^{\omega_0}S_0\mathrm{e}^{i\omega\tau}\mathrm{d}\omega=\frac{S_0}{\pi\tau}\sin\omega_0\tau.$$

例 8.12 随机相位正弦波为

$$X(t)=a\cos(\beta t+\theta),\ -\infty<t<+\infty,$$

α, β 为常数,θ 在 $[0,\ 2\pi]$ 上均匀分布.

则其均值 $EX(t)=0$; 相关函数 $R(\tau)=\dfrac{a^2}{2}\cos\beta\tau$.

谱密度:

$$S(\omega)=F[R(\tau)]=\frac{a^2}{2}F[\cos\beta\tau]=\frac{a^2}{4}F[\mathrm{e}^{i\beta\tau}+\mathrm{e}^{-i\beta\tau}]$$

$$=\frac{\pi a^2}{2}[\delta(\omega-\beta)+\delta(\omega+\beta)].$$

例 8.13 已知零均值平稳过程的谱密度 $S(\omega)=\dfrac{\omega^2+4}{\omega^4+10\omega^2+9}$,求它的相关函数 $R(\tau)$、方差 $D(\tau)$和平均功率 Ψ.

解 利用傅氏逆变换性质 $F^{-1}\left[\dfrac{2\alpha}{\omega^2+\alpha^2}\right]=\mathrm{e}^{-\alpha|\tau|}$.

$$R(\tau)=F^{-1}[S(\omega)]=F^{-1}\left[\frac{\omega^2+4}{(\omega^2+9)(\omega^2+1)}\right]=F^{-1}\left[\frac{3}{8}\frac{1}{\omega^2+1}+\frac{5}{8}\frac{1}{\omega^2+9}\right]$$

$$=\frac{3}{16}\mathrm{e}^{-|\tau|}+\frac{5}{48}\mathrm{e}^{-3|\tau|}.$$

方差: $D(t)=R(0)=\dfrac{7}{24}$, 平均功率: $\Psi=R(0)=\dfrac{7}{24}$.

8.4.3 互谱密度及其性质

定义 8.10 设 $\{X(t),-\infty<t<+\infty\}$ 和 $\{Y(t),-\infty<t<+\infty\}$ 是联合平稳随机过程,互相关函数为 $R_{XY}(\tau)=E[X(t)\overline{Y(t+\tau)}]$.

当 $\int_{-\infty}^{+\infty}|R_{XY}(\tau)|\,\mathrm{d}\tau<+\infty$ 时,称 $S_{XY}(\omega)=F[R_{XY}(\tau)]=\int_{-\infty}^{+\infty}R_{XY}(\tau)\mathrm{e}^{-i\omega\tau}\,\mathrm{d}\tau$ 为这两个平稳过程的互谱密度,且有

$$R_{XY}(\tau)=F^{-1}[S_{XY}(\omega)]=\frac{1}{2\pi}\int_{-\infty}^{+\infty}S_{XY}(\omega)\mathrm{e}^{i\omega\tau}\,\mathrm{d}\omega.$$

同理, $R_{YX}(\tau)=E[Y(t)\overline{X(t+\tau)}]$.

当 $\int_{-\infty}^{+\infty}|R_{YX}(\tau)|\,\mathrm{d}\tau<+\infty$ 时,

$$S_{YX}(\omega)=F[R_{YX}(\tau)]=\int_{-\infty}^{+\infty}R_{YX}(\tau)\mathrm{e}^{-i\omega\tau}\,\mathrm{d}\tau,$$

$$R_{YX}(\tau)=F^{-1}[S_{YX}(\omega)]=\frac{1}{2\pi}\int_{-\infty}^{+\infty}S_{YX}(\omega)e^{i\omega\tau}d\omega.$$

互谱密度性质：

性质 1　$S_{XY}(\omega)=\overline{S_{YX}(\omega)}=S_{YX}(-\omega)$.

性质 2　$\mathrm{Re}[S_{XY}(\omega)]$ 是 ω 的偶函数，$\mathrm{Im}[S_{XY}(\omega)]$ 是 ω 的奇函数.

$$\mathrm{Re}[S_{XY}(\omega)]=\int_{-\infty}^{+\infty}R_{XY}(\tau)\cos\omega\tau\,d\tau,$$

$$\mathrm{Im}[S_{XY}(\omega)]=\int_{-\infty}^{+\infty}R_{XY}(\tau)\sin\omega\tau\,d\tau.$$

性质 3　$|S_{XY}(\omega)|\leqslant\sqrt{S_X(\omega)}\sqrt{S_Y(\omega)}$.

例 8.14　设两个平稳过程的互谱密度为

$$S_{XY}(\omega)=\begin{cases}a+\dfrac{ib\omega}{c}, & |\omega|\leqslant c,\\ 0, & |\omega|>c,\end{cases}$$

其中 $c>0$，a，b 为实常数，求互相关函数 $R_{XY}(\tau)$.

解　$$R_{XY}(\tau)=\frac{1}{2\pi}\int_{-\infty}^{+\infty}S_{XY}(\omega)e^{i\omega\tau}d\omega=\frac{1}{2\pi}\int_{-c}^{+c}\left(a+\frac{ib\omega}{c}\right)e^{i\omega\tau}d\omega$$

$$=\frac{a}{2\pi\tau i}(e^{ic\tau}-e^{-ic\tau})+\frac{b}{2\pi c\tau}\left[c(e^{ic\tau}+e^{-ic\tau})-\frac{1}{\tau i}(e^{ic\tau}-e^{-ic\tau})\right]$$

$$=\frac{1}{2\pi}\left[\frac{2a}{\tau}\sin c\tau+\frac{2b}{\tau}\cos c\tau-\frac{2b}{c\tau^2}\sin c\tau\right]$$

$$=\frac{1}{\pi c\tau^2}[(ac\tau-b)\sin c\tau+bc\tau\cos c\tau].$$

8.5　线性系统中的平稳过程

在通信工程、信号与信息处理、自动控制等领域，随机过程与相应的系统相关联，这些系统一般分为线性和非线性系统.这节讨论把实平稳过程输入到线性系统得到的输出仍为平稳过程.我们可以利用输入的自相关函数、自谱密度讨论输出的自相关函数、自谱密度以及输入和输出之间的相互关系及统计特性.

1. 线性系统

系统就是对各种“输入”按一定规则产生“输出”，工程上称为滤波器.设系统的输入为随机过程 $\{X(t), t\in T\}$，相应的输出为随机过程 $\{Y(t), t\in T\}$，系统记为 $L(\cdot)$，则有

$Y(t)=L[X(t)]$, $t\in T$. 输出称为系统对输入的响应.

定义 8.11 如果 $Y_1(t)=L[X_1(t)]$, $Y_2(t)=L[X_2(t)]$, C_1 和 C_2 为常数,且有 $L[C_1X_1(t)+C_2X_2(t)]=C_1Y_1(t)+C_2Y_2(t)$,则称 L 为线性系统.

定义 8.12 如果对任意 T 有 $L[X(t+\tau)]=Y(t+\tau)$,则称系统 L 为时不变系统.

工程中有很多时不变线性系统,输入和输出的关系可以用常系数线性微分方程来描述:

$$b_n\frac{d^nY(t)}{dt^n}+b_{n-1}\frac{d^{n-1}Y(t)}{dt^{n-1}}+\cdots+b_1\frac{dY(t)}{dt}+b_0Y(t)$$
$$=a_m\frac{d^mX(t)}{dt^m}+a_{m-1}\frac{d^{m-1}X(t)}{dt^{m-1}}+\cdots+a_1\frac{dX(t)}{dt}+a_0X(t).$$

两边取傅立叶变换得

$$[b_n(i\omega)^n+b_{n-1}(i\omega)^{n-1}+\cdots+b_1(i\omega)+b_0]Y(\omega)$$
$$=[a_m(i\omega)^m+a_{m-1}(i\omega)^{m-1}+\cdots+a_1(i\omega)+a_0]X(\omega).$$

其中

$$Y(\omega)=F[Y(t)]=\int_{-\infty}^{+\infty}Y(t)\mathrm{e}^{-i\omega t}\mathrm{d}t;\ X(\omega)=F[X(t)]=\int_{-\infty}^{+\infty}X(t)\mathrm{e}^{-i\omega t}\mathrm{d}t,$$

则有

$$Y(\omega)=H(i\omega)X(\omega).$$

其中将 $H(i\omega)=\dfrac{a_m(i\omega)^m+a_{m-1}(i\omega)^{m-1}+\cdots+a_1i\omega+a_0}{b_n(i\omega)^n+b_{n-1}(i\omega)^{n-1}+\cdots+b_1i\omega+b_0}$ 称为线性系统的频率响应函数.

系统频率响应函数的傅立叶逆变换:

$$h(t)=F^{-1}[H(i\omega)]=\frac{1}{2\pi}\int_{-\infty}^{+\infty}H(i\omega)\mathrm{e}^{i\omega t}\mathrm{d}\omega.$$

称上式为线性系统的脉冲响应函数.

当线性系统输入单位脉冲函数 $\delta(x)$时,则

$$X(\omega)=1,\ F[\delta(t)]=1.$$

从而 $Y(\omega)=H(i\omega)$,于是系统输出:$Y(t)=F^{-1}[H(i\omega)]=h(t)$.
即 $h(t)$是线性系统对单位脉冲函数 $g(x)$的响应.

对于 $$Y(\omega)=H(i\omega)X(\omega),$$
由卷积定理得

$$\begin{aligned}Y(t)&=F^{-1}[Y(\omega)]=F^{-1}[H(i\omega)X(\omega)]=X(t)*h(t)\\&=\int_{-\infty}^{+\infty}X(t-\lambda)h(\lambda)\mathrm{d}\lambda=\int_{-\infty}^{+\infty}X(\lambda)h(t-\lambda)\mathrm{d}\lambda=h(t)*X(t).\end{aligned}$$

因此,线性时不变系统的输出 $Y(t)$ 是输入 $X(t)$ 和系统脉冲响应函数 $h(t)$ 的卷积.

物理上可实现的系统的一个限制是输入出现以前不能有输出,即 $h(t)=0$, $t<0$,此时

$$Y(t)=\int_{0}^{+\infty}X(t-\lambda)h(\lambda)\mathrm{d}\lambda.$$

另外,要求系统是稳定的,即对每一个有界输入,必产生有界的输出.

如果物理上可实现的线性时不变系统的脉冲响应函数满足:

$$\int_{-\infty}^{+\infty}|h(t)|\,\mathrm{d}t<+\infty,$$

则系统是稳定的,后面我们讨论的系统假定为物理上可实现的、稳定的、线性时不变系统.

2. 线性系统输出的均值、自相关函数和自谱密度

设线性系统的输入是平稳过程 $\{X(t),-\infty<t<+\infty\}$,系统的输出是随机过程,

$$Y(t)=\int_{0}^{+\infty}X(t-\lambda)h(\lambda)\mathrm{d}\lambda,\ -\infty<t<+\infty,$$

那么输出 $\{Y(t),-\infty<t<+\infty\}$ 是否是平稳过程呢? 下面的定理回答了这个问题.

定理 8.8　设线性时不变系统是稳定的、物理上可实现的系统.如果系统的输入 $\{X(t),-\infty<t<+\infty\}$ 是平稳过程,均值为 m_X,自相关函数为 $R_X(\tau)$,则系统的输出 $\{Y(t),-\infty<t<+\infty\}$ 是平稳过程,且均值 $m_Y=m_X\int_{0}^{+\infty}h(\lambda)\mathrm{d}\lambda$,

自相关函数

$$\begin{aligned}R_Y(\tau)&=\int_{0}^{+\infty}\int_{0}^{+\infty}R_X(\lambda_2-\lambda_1-\tau)h(\lambda_1)h(\lambda_2)\mathrm{d}\lambda_1\mathrm{d}\lambda_2\\&=R_X(\tau)*h(-\tau)*h(\tau).\end{aligned}$$

证明　均值

$$\begin{aligned}m_Y&=E[Y(t)]=E\left[\int_{0}^{+\infty}X(t-\lambda)h(\lambda)\mathrm{d}\lambda\right]\\&=\int_{0}^{+\infty}E[X(t-\lambda)]h(\lambda)\mathrm{d}\lambda=m_X\int_{0}^{+\infty}h(\lambda)\mathrm{d}\lambda.\end{aligned}$$

自相关函数:

$$
\begin{aligned}
R_Y(t, t+\tau) &= E[Y(t)Y(t+\tau)] \\
&= E\left[\int_0^{+\infty} X(t-\lambda_1)h(\lambda_1)\mathrm{d}\lambda_1 \int_0^{+\infty} X(t+\tau-\lambda_2)h(\lambda_2)\mathrm{d}\lambda_2\right] \\
&= \int_0^{+\infty}\int_0^{+\infty} E[X(t-\lambda_1)X(t+\tau-\lambda_2)]h(\lambda_1)h(\lambda_2)\mathrm{d}\lambda_1\mathrm{d}\lambda_2 \\
&= \int_0^{+\infty}\int_0^{+\infty} R_X(\lambda_2-\lambda_1-\tau)h(\lambda_1)h(\lambda_2)\mathrm{d}\lambda_1\mathrm{d}\lambda_2 \\
&= R_X(\tau) * h(-\tau) * h(\tau) = R_Y(\tau)(\text{与 } t \text{ 无关}).
\end{aligned}
$$

因此，$\{Y(t), -\infty < t < +\infty\}$ 为平稳过程.

定理 8.9 设系统为稳定的、物理上可实现的线性时不变系统.若输入平稳过程 $\{X(t), -\infty < t < +\infty\}$ 的谱密度为 $S_X(\omega)$，则输出平稳过程 $\{Y(t), -\infty < t < +\infty\}$ 的谱密度为：$S_Y(\omega) = |H(i\omega)|^2 S_X(\omega)$，其中 $H(i\omega)$ 是系统的频率响应函数.

证明
$$
\begin{aligned}
S_Y(\omega) &= \int_{-\infty}^{+\infty} R_Y(\tau)\mathrm{e}^{-i\omega\tau}\mathrm{d}t \\
&= \int_{-\infty}^{+\infty}\left[\int_0^{+\infty}\int_0^{+\infty} R_X(\lambda_2-\lambda_1-\tau)h(\lambda_1)h(\lambda_2)\mathrm{d}\lambda_1\mathrm{d}\lambda_2\right]\mathrm{e}^{-i\omega\tau}\mathrm{d}\tau \\
&= \int_0^{+\infty}\int_0^{+\infty}\left[\int_0^{+\infty} R_X(\lambda_2-\lambda_1-\tau)\mathrm{e}^{-i\omega\tau}\mathrm{d}\tau\right]h(\lambda_1)h(\lambda_2)\mathrm{d}\lambda_1\mathrm{d}\lambda_2.
\end{aligned}
$$

$$
\begin{aligned}
\int_{-\infty}^{+\infty} R_X(\lambda_2-\lambda_1-\tau)\mathrm{e}^{-i\omega\tau}\mathrm{d}\tau &\xlongequal{\lambda_2-\lambda_1-\tau=-u} \mathrm{e}^{-i\omega(\lambda_2-\lambda_1)}\int_{-\infty}^{+\infty} R_X(-u)\mathrm{e}^{-i\omega u}\mathrm{d}u \\
&= \mathrm{e}^{-i\omega(\lambda_2-\lambda_1)}\int_{-\infty}^{+\infty} R_X(u)\mathrm{e}^{-i\omega u}\mathrm{d}u = S_X(\omega)\mathrm{e}^{-i\omega(\lambda_2-\lambda_1)}
\end{aligned}
$$

$$
\begin{aligned}
S_Y(\omega) &= S_X(\omega)\cdot\int_0^{+\infty} h(\lambda_1)\mathrm{e}^{i\omega\lambda_1}\mathrm{d}\lambda_1\cdot\int_0^{+\infty} h(\lambda_2)\mathrm{e}^{-i\omega\lambda_2}\mathrm{d}\lambda_2 \\
&= S_X(\omega)\cdot H(-i\omega)\cdot H(i\omega) = |H(i\omega)|^2 S_X(\omega).
\end{aligned}
$$

在工程中称 $|H(i\omega)|^2$ 为系统的功率增益因子，定理 8.9 表明系统输出的功率谱密度等于输入的功率谱密度乘上系统的功率增益因子.输出自相关函数为

$$
R_Y(\tau) = \frac{1}{2\pi}\int_{-\infty}^{+\infty} S_Y(\omega)\mathrm{e}^{i\omega\tau}\mathrm{d}\omega = \frac{1}{2\pi}\int_{-\infty}^{+\infty} |H(i\omega)|^2 S_X(\omega)\mathrm{e}^{i\omega\tau}\mathrm{d}\omega.
$$

输出的平均功率为

$$
\Psi_Y^2 = R_Y(0) = \frac{1}{2\pi}\int_{-\infty}^{+\infty} |H(i\omega)|^2 S_X(\omega)\mathrm{d}\omega.
$$

3. 输入和输出的互相关函数和互谱密度

定理 8.10 设系统是稳定的、物理上可实现的线性时不变系统.若输入是平稳过程

$\{X(t),\ -\infty<t<+\infty\}$，则输入过程 $\{X(t),\ -\infty<t<+\infty\}$ 和输出过程 $\{Y(t),\ -\infty<t<+\infty\}$ 是联合平稳的，且互相关函数和互谱密度分别为

$$R_{XY}(\tau)=\int_0^{+\infty}R_X(\tau-\lambda)h(\lambda)\mathrm{d}\lambda=R_X(\tau)*h(\tau),$$

$$S_{XY}(\omega)=H(i\omega)S_X(\omega).$$

证明

$$\begin{aligned}R_{XY}(t,\ t+\tau)&=E[X(t)Y(t+\tau)]=E[X(t)\int_0^{+\infty}X(t+\tau-\lambda)h(\lambda)\mathrm{d}\lambda]\\&=\int_0^{+\infty}E[X(t)X(t+\tau-\lambda)]h(\lambda)\mathrm{d}\lambda\\&=\int_0^{+\infty}R_X(\tau-\lambda)h(\lambda)\mathrm{d}\lambda\\&=R_X(\tau)*h(\tau)\quad(\text{与 } t \text{ 无关}),\end{aligned}$$

故 $\{X(t),\ -\infty<t<+\infty\}$ 和 $\{Y(t),\ -\infty<t<+\infty\}$ 是联合平稳的.

利用傅立叶变换卷积性质：

$$\begin{aligned}S_{XY}(\omega)&=F[R_{XY}(\tau)]=F[R_X(\tau)*h(\tau)]\\&=F[R_X(\tau)]\cdot F[h(\tau)]=S_X(\omega)H(\mathrm{i}\omega).\end{aligned}$$

例 8.15　给定 R－C 电路系统，如果输入平稳过程 $\{X(t),\ -\infty<t<+\infty\}$，均值 $m_X=0$，自相关函数 $R_X(\tau)=\sigma^2\mathrm{e}^{-\beta|\tau|}$，$\beta>0$，且 $\beta\neq\alpha=\dfrac{1}{RC}$. 试求输出过程 $\{Y(t),\ -\infty<t<+\infty\}$ 的均值 m_Y，自相关函数 $R_Y(\tau)$ 以及互谱密度 $S_{XY}(\omega)$ 和互相关函数 $R_{XY}(\tau)$.

解　在电路系统中：

$$RC\frac{\mathrm{d}Y(t)}{\mathrm{d}t}+Y(t)=X(t),\ \alpha=\frac{1}{RC},$$

$$\frac{\mathrm{d}Y(t)}{\mathrm{d}t}+\alpha Y(t)=\alpha X(t),$$

两边取傅立叶变换　　$\mathrm{i}\omega Y(\omega)+\alpha Y(\omega)=\alpha X(\omega).$

由此系统的频率响应函数：$H(\mathrm{i}\omega)=\dfrac{\alpha}{i\omega+\alpha}.$

脉冲响应函数：

$$h(t)=F^{-1}[H(i\omega)]=\begin{cases}\alpha\mathrm{e}^{-\alpha t}, & t>0,\\0, & t\leqslant 0,\end{cases}$$

$$m_Y = m_X \int_0^{+\infty} h(t)\mathrm{d}t = 0.$$

输出的自相关函数和自谱密度为

$$R_Y(\tau) = \int_0^{+\infty}\int_0^{+\infty} R_X(\lambda_2-\lambda_1-\tau)h(\lambda_1)h(\lambda_2)\mathrm{d}\lambda_1\mathrm{d}\lambda_2 = \int_0^{+\infty}\int_0^{+\infty} \sigma^2 \mathrm{e}^{-\beta|\lambda_2-\lambda_1-\tau|}\alpha^2\mathrm{e}^{-\alpha(\lambda_2+\lambda_1)}\mathrm{d}\lambda_1\mathrm{d}\lambda_2$$

$$\overset{\tau>0}{=\!=\!=} \sigma^2\alpha^2\Big[\iint\limits_{\lambda_2-\lambda_1-\tau\geqslant 0} \mathrm{e}^{-\beta(\lambda_2-\lambda_1-\tau)-\alpha(\lambda_2+\lambda_1)}\mathrm{d}\lambda_1\mathrm{d}\lambda_2 + \iint\limits_{\lambda_2-\lambda_1-\tau<0} \mathrm{e}^{\beta(\lambda_2-\lambda_1-\tau)-\alpha(\lambda_2+\lambda_1)}\mathrm{d}\lambda_1\mathrm{d}\lambda_2\Big]$$

$$= \sigma^2\alpha^2\left[\int_0^{+\infty}\mathrm{d}\lambda_1\int_{\lambda_1+\tau}^{+\infty}\mathrm{e}^{-(\alpha+\beta)\lambda_2-(\alpha-\beta)\lambda_1+\beta\tau}\mathrm{d}\lambda_2 + \int_0^{+\infty}\mathrm{d}\lambda_1\int_0^{\lambda_1+\tau}\mathrm{e}^{-(\alpha-\beta)\lambda_2-(\alpha+\beta)\lambda_1-\beta\tau}\mathrm{d}\lambda_2\right]$$

$$= \frac{\alpha\sigma^2}{\alpha^2-\beta^2}[\alpha\mathrm{e}^{-\beta\tau} - \beta\mathrm{e}^{-\alpha\tau}],$$

$$S_Y(\omega) = F[R_Y(\tau)] = \frac{\alpha\sigma^2}{\alpha^2-\beta^2}\left[\frac{2\alpha\beta}{\omega^2+\beta^2} - \frac{2\alpha\beta}{\omega^2+\alpha^2}\right] = \frac{2\alpha^2\beta\sigma^2}{(\omega^2+\beta^2)(\omega^2+\alpha^2)}.$$

习题

1. 设 $\{X(n),\ n=0,\ \pm1,\ \pm2,\ \cdots\}$ 是不相关的白噪声序列 $E[X(n)]=0$，$D[X(n)]=\sigma^2$，令 $Y(n)=\sum\limits_{k=0}^{N}a_kX(n-k)$，$n=0,\ \pm1,\ \pm2,\ \cdots$，称是离散白噪声 $\{X(n),\ n=0,\ \pm1,\ \pm2,\ \cdots\}$ 的滑动和.证明 $Y(n)=\sum\limits_{k=0}^{N}a_kX(n-k)$，$n=0,\ \pm1,\ \pm2,\ \cdots$ 是平稳序列.

2. 设随机过程 $X(t)=A\cos\omega t+B\sin\omega t$，其中，$\omega$ 为常数，A，B 是相互独立的随机变量，且 $E(A)=E(B)=0$，$D(A)=D(B)=\sigma^2>0$，讨论 $\{X(t),\ t\in T\}$ 的平稳性.

3. 维纳过程 $\{W(t),\ t\geqslant 0\}$ 不是平稳过程.但是，维纳过程是平稳增量过程.设 $\{W(t),\ t\geqslant 0\}$ 是参数为 σ^2 的维纳过程，$X(t)=W(t+h)-W(t)$，$t\geqslant 0$，常数 $h>0$，证明 $\{X(t),\ t\geqslant 0\}$ 是平稳过程.

4. 给定随机电报信号 $\{X(t),\ t\geqslant 0\}$，其均值 $m_X=0$，自相关函数 $R_X(\tau)=\mathrm{e}^{-|\tau|}$，设 $Y=\int_0^1 X(t)\mathrm{d}t$，求 $E(Y)$、$E(Y^2)$ 和 $D(Y)$.

5. 若平稳过程 $\{X(t),\ t\in \mathrm{R}\}$ 的谱密度 $S(\omega)=2\pi\delta(\omega)$，求其相关函数.

6. 已知平稳过程 $\{X(t),\ -\infty<t<+\infty\}$ 的相关函数 $R(\tau)=5+2\mathrm{e}^{-3|\tau|}(1+\cos 4\tau)$，求谱密度 $S(\omega)$.

7. 已知 $\{X(t)\}$ 和 $\{Y(t)\}$ 为联合平稳过程，$S_{XY}(\omega)=\begin{cases}1+\mathrm{i}\omega, & |\omega|<1,\\ 0, & \text{其他},\end{cases}$ 求 $R_{XY}(\tau)$.

附　　录

附录 1　求解方程组

$$\boldsymbol{\pi}=\boldsymbol{\pi}\boldsymbol{P},\ \pi_1+\pi_2+\pi_3=1,$$

即

$$\begin{cases}\pi_1=0.5\pi_1+0.3\pi_2+0.2\pi_3,\\ \pi_2=0.4\pi_1+0.4\pi_2+0.3\pi_3,\\ \pi_3=0.1\pi_1+0.3\pi_2+0.5\pi_3,\\ \pi_1+\pi_2+\pi_3=1.\end{cases}$$

程序：

```
%求解方程组
P = [0.5  0.4  0.1;  0.3  0.4  0.3;  0.2  0.3  0.5];
P0 = eye(3) - P';
P0 = [P0; ones(1, 3)];
Pi = P0\[0  0  0  1]'
Mu = 1./Pi
```

附录 2　$\boldsymbol{Q}(4)=(q_1(4),\ q_2(4),\ q_3(4))=\boldsymbol{Q}\boldsymbol{P}^4=(0.3,\ 0.2,\ 0.5)\begin{pmatrix}0.7 & 0.1 & 0.2\\ 0.1 & 0.7 & 0.2\\ 0.08 & 0.04 & 0.88\end{pmatrix}^4$

$$=(0.231\,9,\ 0.169\,8,\ 0.598\,3).$$

程序：

```
%求 Q*P^4
Q = [0.3  0.2  0.5];
P = [0.7  0.1  0.2;  0.1  0.7  0.2;  0.08  0.04  0.88];
Q*P^4
```

附录 3　求解方程组

$$\boldsymbol{\pi}=\boldsymbol{\pi}\boldsymbol{P},\ \pi_1+\pi_2+\pi_3=1,$$

即

$$\begin{cases}\pi_1=0.7\pi_1+0.1\pi_2+0.08\pi_3,\\ \pi_2=0.1\pi_1+0.7\pi_2+0.04\pi_3,\\ \pi_3=0.2\pi_1+0.2\pi_2+0.88\pi_3,\\ \pi_1+\pi_2+\pi_3=1.\end{cases}$$

程序:

```
%求解方程组
P = [0.7  0.1  0.08;  0.1  0.7  0.04;  0.2  0.2  0.88];
P0 = eye(3) - P;
P0 = [P0; ones(1, 3)];
Pi = P0\[0  0  0  1]'
```

附录 4　计算两步转移概率矩阵.

$$\boldsymbol{P}^2=\begin{pmatrix}0.7587 & 0.2324 & 0.0089 & 0 & 0 & 0\\ 0.1902 & 0.6997 & 0.0953 & 0.0149 & 0 & 0\\ 0.0130 & 0.1704 & 0.5119 & 0.2791 & 0.0256 & 0\\ 0 & 0.0385 & 0.4031 & 0.3914 & 0.1582 & 0.0088\\ 0.0129 & 0 & 0.0175 & 0.0749 & 0.7673 & 0.1273\\ 0.2615 & 0.0225 & 0 & 0.0049 & 0.1500 & 0.5612\end{pmatrix}$$

$$\boldsymbol{P}^3=\begin{pmatrix}0.6803 & 0.2968 & 0.0208 & 0.0021 & 0 & 0\\ 0.2430 & 0.6127 & 0.1124 & 0.0303 & 0.0017 & 0\\ 0.0305 & 0.2010 & 0.4387 & 0.2745 & 0.0533 & 0.0020\\ 0.0058 & 0.0782 & 0.3965 & 0.3188 & 0.1817 & 0.0190\\ 0.0318 & 0.0038 & 0.0365 & 0.0861 & 0.6866 & 0.1553\\ 0.3193 & 0.0545 & 0.0031 & 0.0106 & 0.1830 & 0.4294\end{pmatrix}$$

… … …

当转移步数趋于无穷大时,转移概率矩阵为

$$\lim_{n\to\infty}\boldsymbol{P}^n=\begin{pmatrix}0.3085 & 0.3350 & 0.1463 & 0.0871 & 0.0941 & 0.0290\\ 0.3085 & 0.3350 & 0.1463 & 0.0871 & 0.0941 & 0.0290\\ 0.3085 & 0.3350 & 0.1463 & 0.0871 & 0.0941 & 0.0290\\ 0.3085 & 0.3350 & 0.1463 & 0.0871 & 0.0941 & 0.0290\\ 0.3085 & 0.3350 & 0.1463 & 0.0871 & 0.0941 & 0.0290\\ 0.3085 & 0.3350 & 0.1463 & 0.0871 & 0.0941 & 0.0290\end{pmatrix}$$

求解方程组:

$$\boldsymbol{\pi}=\boldsymbol{\pi P},\ \pi_1+\pi_2+\cdots+\pi_6=1,$$

即

$$\begin{cases}\pi_1=\dfrac{50}{58}\pi_1+\dfrac{7}{62}\pi_2+\dfrac{7}{43}\pi_6,\\ \pi_2=\dfrac{8}{58}\pi_1+\dfrac{51}{62}\pi_2+\dfrac{3}{26}\pi_3,\\ \pi_3=\dfrac{4}{62}\pi_2+\dfrac{17}{26}\pi_3+\dfrac{6}{18}\pi_4,\\ \pi_4=\dfrac{6}{26}\pi_3+\dfrac{10}{18}\pi_4+\dfrac{2}{38}\pi_5,\\ \pi_5=\dfrac{2}{18}\pi_4+\dfrac{33}{38}\pi_5+\dfrac{4}{43}\pi_6,\\ \pi_6=\dfrac{3}{38}\pi_5+\dfrac{32}{43}\pi_6,\\ \pi_1+\pi_2+\cdots+\pi_6=1.\end{cases}$$

程序：

```
%求极限
clc
clear
P = zeros(6);
P(1, 1: 2) = [50  8]/58;
P(2, 1: 3) = [7  51  4]/62;
P(3, 2: 4) = [3  17  6]/26;
P(4, 3: 5) = [6  10  2]/18;
P(5, 4: 6) = [2  33  3]/38;
P(6, [1, 5, 6]) = [7  4  32]/43;
P1 = P;
ifstop = 0;
for dgr = 2: 10000
    P2 = P1 * P;
    if norm(P2 - P1) < 1e-10
       ifstop = 1;
    end
    if dgr <= 3 || ifstop
```

```
        fprintf(['P^',num2str(dgr),' = ']);
        display(P2)
    end
    if ifstop
        break;
    else
        P1 = P2;
    end
end
%%理论平稳分布
P0 = eye(6) - P';
P0 = [P0; ones(1, 6)];
Pi = P0\[zeros(6, 1);1]
```

参考文献

[1] FELLER W. An introduction to probability theory and its applications Ⅱ [M]. Wiley, 1950.

[2] LIPSTRE R S, SHIRYAYEV A N. Theory of martingales[M]. Kluwer ACADEMIC PUB, 1989.

[3] Rogers L C G, Williams D. Diffusion, Markov processes, and Martingales, Vol. 1: Foundations[J]. Journal of the American Statistical Association, 1996, 91(434): 912.

[4] 王梓坤.概率论基础及其应用[M].北京：科学出版社，1976.

[5] 梁之舜，邓集贤，杨维权等.概率论与数理统计：上册[M].3 版.北京：高等教育出版社，2005.

[6] 钱敏平，龚光鲁.随机过程论[M].2 版.北京：北京大学出版社，1997.

[7] 钱敏平，龚光鲁.应用随机过程[M].北京：北京大学出版社，1998.

[8] 钱敏平，龚光鲁.应用随机过程模型和方法[M].北京：机械工业出版社，2016.

[9] 张波，张景肖，肖宇谷.应用随机过程[M].北京：清华大学出版社，2019.

[10] 张卓奎.随机过程及其应用[M].2 版.西安：西安电子科技大学出版社，2012.

[11] 王梓坤.随机过程论[M].北京：科学出版社，1965.

[12] 严士健.随机过程论[M].北京：科学出版社，1965.

[13] 孙洪祥.随机过程[M].北京：机械工业出版社，2009.

[14] 刘次华.随机过程[M].2 版.武汉：华中科技大学出版社，2001.

[15] 王军，王娟.随机过程及其在金融领域中的应用[M]. 北京：清华大学出版社，北京交通大学出版社，2007.

[16] 伍海华，杨德平. 随机过程——金融资产定价之应用[M].北京：中国金融出版社，2002.

[17] 陈家清，赵华玲，梅顺治.应用随机过程[M].武汉：武汉理工大学出版社，2014.

[18] 陈良均，朱庆棠. 随机过程及应用[M].北京：高等教育出版社，2006.

[19] 卡林.随机过程初级教程(英文版)：第 2 版[M].北京：人民邮电出版社，2007.